高职高专“十二五”规划教材

基础化学实验

徐晓强　刘洪宇　魏翠娥　主编

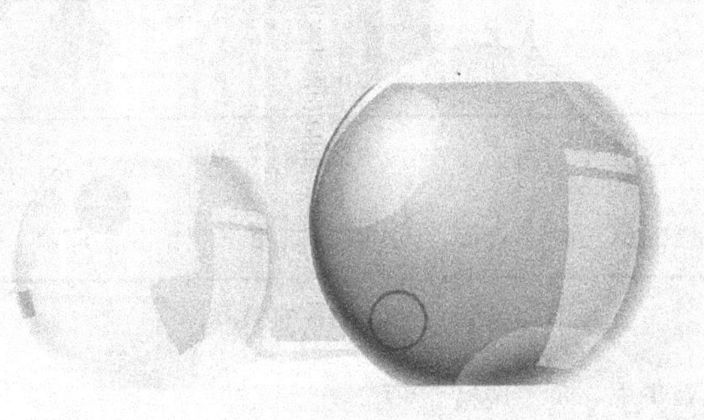

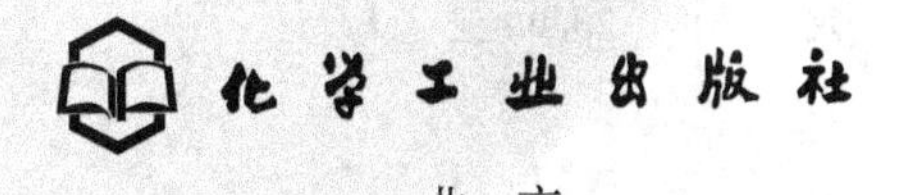

·北京·

本书是高职高专“十二五”规划教材。

全书分为化学实验基础知识、无机及分析化学实验（包含无机实验、化学分析实验、仪器分析实验）、有机化学实验和物理化学实验四部分，并按照探索型实验、综合型实验和设计型实验三种类型进行了编排，着重基本技能训练及综合思维和创新能力训练，特别是学生实践动手能力的培养；此外，还增设部分趣味性实验，以激发学生的学习兴趣。

本书可作为高职高专基础化学实验的教材，也可供其他有兴趣的读者阅读。

图书在版编目（CIP）数据

基础化学实验/徐晓强，刘洪宇，魏翠娥主编．—北京：化学工业出版社，2013.9（2020.10重印）
高职高专“十二五”规划教材
ISBN 978-7-122-18398-9

Ⅰ.①基…　Ⅱ.①徐…②刘…③魏…　Ⅲ.①化学实验-高等职业教育-教材　Ⅳ.①06-3

中国版本图书馆CIP数据核字（2013）第212921号

责任编辑：满悦芝　石　磊　　　　文字编辑：荣世芳
责任校对：蒋　宇　　　　装帧设计：张　辉

出版发行：化学工业出版社（北京市东城区青年湖南街13号　邮政编码100011）
印　　装：北京虎彩文化传播有限公司
710mm×1000mm　1/16　印张8¾　字数168千字　2020年10月北京第1版第3次印刷

购书咨询：010-64518888　　　　售后服务：010-64518899
网　　址：http://www.cip.com.cn
凡购买本书，如有缺损质量问题，本社销售中心负责调换。

定　　价：23.00元

前　言

尽管现代科学技术突飞猛进，使化学从经验科学走向理论科学，但它仍是以实验为基础的科学。一切化学理论的产生都是建立在大量实验基础上的，反过来又必须经过实验的检验。实验教学应当在化学教学中起主导作用，这是化学学科性质所决定的。而在传统的化学教学中，过分地重视理论课教学，轻视实验课教学，把实验教学当成理论课教学的附属，把化学实验当成化学理论的简单验证，这是严重的本末倒置。基础化学实验是培养学生工程实践能力、科研能力、综合素质的极其重要的环节与手段。基础化学实验课的发展状况与水平，直接影响人才培养的质量。为了克服化学实验长期依附理论课开设，存在内容陈旧落后、低水平重复、内在逻辑关联欠缺和过分注重验证书本知识的不足，以及实验仪器、实验场所等实验教学资源使用效率和效益不高的状况，编者结合化工、制药、石油等专业的特点及人才培养目标要求，对长期实验教学和科学研究工作实践进行了提炼和总结，编写了这本《基础化学实验》。

本书分为化学实验基础知识、无机及分析化学实验（包含无机实验、化学分析实验、仪器分析实验）、有机化学实验和物理化学实验四部分，并按照探索型实验、综合型实验和设计型实验三种类型进行了编排，着重基本技能训练及综合思维和创新能力训练，特别是学生实践动手能力的培养；此外，还增设了部分趣味性的实验，以激发学生的学习兴趣。

本书具有较强的针对性和实用性，注意前后知识的连贯性、逻辑性和重要技能的反复练习与强化，为学生后续课程的学习和可持续教育奠定基础。并且在每个实验项目中都留有供学生自学和思考的内容，以锻炼学生的思维能力，拓宽知识面，更好地理解所学理论知识。同时本书内容与石油和化工企业生产和分析检验紧密联系，力求理论与实践、基础与应用、教学与科研的统一，着力体现工学结合的思想。

本书在编写过程中参阅了多本实验教材和有关著作，并根据高职教育教学的特点和需要，从中借鉴了许多有益的内容；周铭教授对本书的编写提出了许多宝贵的意见和建议；王金轩、陈磊、刘婷婷做了大量资料收集汇总及书稿校对工作，在此一并衷心致谢！由于编者水平和时间有限，书中难免存在疏漏之处，敬请读者批评斧正。

编者

2013 年 8 月

目　　录

第一部分　化学实验基础知识与基本操作

第一节　基础知识

一、实验室安全守则

化学实验室中许多试剂易燃、易爆，具有腐蚀性和毒性，存在着不安全因素，所以进行化学实验时，思想上必须重视安全问题，决不可麻痹大意。为了防患于未然，实验时要自觉遵守下列安全守则：

① 实验室内严禁吸烟、饮食或把食具带进实验室。实验完毕必须洗净双手。实验室内严禁打闹。

② 不要用湿手、湿物接触电源。水、电、煤气使用完毕立即关闭。

③ 洗液、浓酸、浓碱具有强腐蚀性，应避免溅落在皮肤、衣服、书本上，尤其应防止溅入眼睛里。

④ 需要借助嗅觉判别少量有毒气体时，应当用手将少量气体轻轻扇向鼻孔，不能将鼻孔直接对着瓶口或管口。能产生有刺激性或有毒气体（如 H_2S、Cl_2、CO、NO_2、SO_2 等）的实验，必须在通风橱内进行并注意实验室通风。

⑤ 加热试管时，管口不能对着自己或他人；不能俯视正在加热的液体。浓缩液体，特别是有晶体析出时，要不断地搅拌，不得擅自离开。

⑥ 具有易挥发和易燃物质的实验，都要在远离明火的地方进行，最好在通风橱内进行；操作易燃物质时，加热应在水浴中进行。

⑦ 使用有毒药品（如汞盐、铅盐、钡盐、氰化物、重铬酸盐和砷的化合物等）时，应严防进入口内或接触伤口。有毒废液不许倒入水槽，应回收统一处理。

⑧ 稀释浓酸、浓碱（特别是浓硫酸）时，应不断搅动，慢慢将酸、碱加入水中，以免迸溅伤人。

⑨ 若使用带汞的仪器被损坏，汞液溢出仪器外时，应立即报告指导老师，在老师指导下进行处理。

⑩ 禁止任意混合各种试剂药品，以免发生意外。

⑪ 实验室所有药品、仪器不得带出室外。

⑫ 废纸、玻璃等物应扔入废物桶中，不得扔入水槽，保持下水道通畅，以免发生水灾。

⑬ 反应过程中可能生成有毒或有腐蚀性气体的实验，应在通风橱内进行，

使用后的器皿应及时洗净。

⑭ 经常检查煤气开关和用气系统，如有泄漏，应立即熄灭室内火源，打开门窗，用肥皂水查漏，若一时难以查出，应关闭煤气总阀，立即报告老师。

二、实验室意外事故的处理

（一）割伤、烫伤和化学灼烧处理

① 割伤：先用药棉揩净伤口，伤口内若有玻璃碎片或污物，应先取出异物，用蒸馏水洗净伤口，然后涂红药水，并用消毒纱布包扎，或贴创可贴。如果伤口较大，应立即到校卫生院处理。

② 烫伤：可用高锰酸钾或苦味酸溶液揩洗，再搽上凡士林或烫伤膏。切勿用水冲洗，更不能把烫起的水泡戳破。

③ 酸、碱灼伤皮肤：立即用大量水冲洗，酸灼伤用碳酸氢钠饱和溶液冲洗，再用水冲洗，然后涂敷氧化锌软膏；碱灼伤用1%～2%乙酸溶液或硼酸饱和溶液冲洗，再用水冲洗，然后涂敷硼酸软膏。

④ 酸、碱灼伤眼睛：不要揉搓眼睛，立即用大量水冲洗，酸灼伤用3%的硫酸氢钠溶液淋洗，碱灼伤用3%的硼酸溶液淋洗，然后用蒸馏水冲洗。

⑤ 碱金属氰化物、氢氰酸灼伤皮肤：用高锰酸钾溶液冲洗，再用硫化铵溶液漂洗，然后用水冲洗。

⑥ 溴灼伤皮肤：立即用乙醇洗涤，然后用水冲洗，再搽上甘油或烫伤膏。

⑦ 苯酚灼伤皮肤：先用大量水冲洗，然后用4∶1的乙醇（70%）-氯化铁（1mol/L）的混合溶液洗涤。

（二）毒物与毒气误入口、鼻内感到不舒服时的处理

① 毒物误入口：立即内服5～10mL稀$CuSO_4$温水溶液，再用手指伸入喉咙促使呕吐毒物。

② 刺激性、有毒气体吸入：误吸入有毒气体（如煤气、硫化氢等）而感到不舒服时，应及时到窗口或室外呼吸新鲜空气；误吸入溴蒸气、氯气等有毒气体时，立即吸入少量酒精和乙醚的混合蒸气，以便解毒。

（三）起火处理

小火用湿布、石棉布或砂子覆盖燃物；大火应使用灭火器，而且需根据不同的着火情况选用不同的灭火器，必要时应报火警119。

① 油类、有机溶剂（如酒精、苯或醚等）着火时，应立即用湿布、石棉或沙子覆盖燃烧物；如火势较大，可使用CO_2泡沫灭火器或干粉灭火器、1211灭火器灭火，但不可用水扑救。活泼金属着火，可用干燥的细砂覆盖灭火。

② 精密仪器、电气设备着火时，切断电源，小火可用石棉布或湿布覆盖灭火，大火用四氯化碳灭火器灭火，亦可用干粉灭火器或1211灭火器灭火，绝对不可用水或CO_2泡沫灭火器。

③ 衣服着火时，应迅速脱下衣服，或用石棉布覆盖着火处，或卧地打滚。

④ 纤维材质着火时，小火用水降温灭火，大火用泡沫灭火器灭火。

三、化学实验室的三废处理

化学实验室的三废种类繁多，实验过程中产生的有毒气体和废水排放到空气中或下水道，同样对环境造成污染，威胁人们的健康。如 SO_2、NO、Cl_2 等对人体的呼吸道有强烈的刺激作用，对植物也有伤害作用；As、Pb 和 Hg 等化合物进入人体后，不易分解和排出，长期积累会引起胃痛、皮下出血、肾功能损伤等；氯仿、四氯化碳等能致肝癌；多环芳烃能致膀胱癌和皮肤癌；铬的氧化物接触皮肤破损处会引起溃烂不止等。故对实验过程中产生的有毒有害物质进行处理十分必要。

1. 常用的废气处理方法

（1）溶液吸收法　溶液吸收法即用适当的液体吸收剂处理气体混合物，除去其中有害气体的方法。常用的液体吸收剂有水、碱性溶液、酸性溶液、氧化剂溶液和有机溶剂，它们可用于净化含有 SO_2、NO_2、HF、SiF_4、HCl、Cl_2、NH_3、汞蒸气、酸雾、沥青烟和有机物蒸气的废气。

（2）固体吸收法　固体吸收法是使废气与固体吸收剂接触，废气中的污染物（吸收质）吸附在固体表面从而被分离出来。此法主要用于净化废气中低浓度的污染物质，常用的吸附剂及其用途见表 1-1。

表 1-1　常用吸附剂及处理的吸附质

固体吸附剂	处理物质
活性炭	H_2S、SO_2、CO、CO_2、NO_2、CCl_4、CS_2、$HCOCl_3$、H_2CCl、Cl_2、苯、甲苯、二甲苯、丙酮、乙醇、乙醚、甲醛、汽油、乙酸乙酯、苯乙烯、氯乙烯、恶臭物
浸渍活性炭	SO_2、Cl_2、H_2S、HF、HCl、Hg、HCHO、CO、CO_2、NH_3、烯烃、胺、酸雾、硫醇
活性氧化铝	H_2O、H_2S、HF、SO_2
浸渍活性氧化铝	Hg、HCl、HCHO、酸雾
硅胶	H_2O、C_2H_2、SO_2、NO_2
分子筛	H_2O、H_2S、HF、SO_2、NH_2、NO_2、CCl_4、C_mH_n、CO_2
焦炭粉粒	沥青烟
白云石粉	沥青烟
蚯蚓类	恶臭类物质

2. 常用的废水处理方法

（1）中和法　对于酸含量小于 3%～5%的酸性废水或碱含量小于 1%～3%的碱性废水，常采用中和处理方法。无硫化物的酸性废水，可用浓度相当的碱性废水中和；含重金属离子较多的酸性废水，可通过加入碱性试剂（如 NaOH、Na_2CO_3）进行中和。

（2）萃取法　采用与水互不相溶但能良好溶解污染物的萃取剂，使其与废水充分混合，提取污染物，达到净化废水的目的。例如含酚废水就可以二甲苯作为萃取剂。

(3) 化学沉淀法　在废水中加入某种化学试剂，使之与其中的污染物发生化学反应，生成沉淀，然后进行分离。此法适用于除去废水中的重金属离子（如汞、铬、铜、铅、锌、镍、镉等）、碱金属离子（钙、镁）及某些非金属（砷、氟、硫、硼等）。如氢氧化物沉淀法可用 NaOH 作为沉淀剂处理含重金属离子的废水；硫化物沉淀法是用 Na_2S、H_2S、CaS 或 $(NH_4)_2S$ 等作为沉淀剂除汞、砷；铬酸盐法是用 $BaCO_3$ 或 $BaCl_2$ 作为沉淀剂除去废水中的铬氧化物等。

(4) 氧化还原法　水中溶解的有害无机物或有机物，可通过化学反应将其氧化或还原，转化成无害的新物质或易从水中分离除去的形态。常用的氧化剂主要是漂白粉，用于含氮废水、含硫废水、含酚废水及含氨氮废水的处理。常用的还原剂有 $FeSO_4$ 或 Na_2SO_3，用于还原 6 价铬；还有活泼金属如铁屑、铜屑、锌粒等，用于除去废水中的汞。

此外，还有活性炭吸附法、离子交换法、电化学净化法等。

3. 常用的废渣处理方法

废渣主要采用掩埋法。有毒的废渣必须先进行化学处理，然后深埋在远离居民区的指定地点，以免毒物溶于地下水而混入饮用水中；无毒废渣可直接掩埋，掩埋地点应有记录。

第二节　化学实验基本操作

一、仪器的洗涤和干燥

1. 仪器的洗涤

化学实验中经常使用各种玻璃仪器和瓷器。如果用不干净的仪器进行实验，往往由于污物和杂质的存在而得不到准确的结果。因此，在进行化学实验时，必须把仪器洗涤干净。

一般说来，附着在仪器上的污物有尘土和其他不溶性物质、可溶性物质、有机物和污垢。针对这些不同污物，选用适当的洗涤剂来洗涤。常见污物处理方法见表 1-2。

2. 常用洗液的配制方法

(1) 铬酸洗液　取 $K_2Cr_2O_7$ 5g，研细，于 250mL 烧杯中，加水 10mL，加热溶解，冷却后，缓慢加入 90mL 浓硫酸，边加边搅拌，冷却后贮于磨口细口瓶中。

(2) 碱性高锰酸钾洗涤液　将 4g 高锰酸钾溶于少量水中，慢慢加入 100mL 10%NaOH 溶液。

(3) 酸性草酸洗涤液　取 10g 草酸溶于 100mL 20%的 HCl 溶液中。

表 1-2　常见污物处理方法

污　物	处　理　方　法
可溶于水的污物、灰尘等	自来水冲洗
不溶于水的污物	肥皂、合成洗涤剂
氧化性污物(如 MnO_2、铁锈等)	浓盐酸、草酸洗液
油污、有机物	碱性洗液(Na_2CO_3、NaOH 等),有机溶剂、铬酸洗液,碱性高锰酸钾洗涤液
残留的 Na_2SO_4、$NaHSO_4$ 固体	用沸水使其溶解后趁热倒掉
高锰酸钾污垢	酸性草酸溶液
黏附的硫黄	用煮沸的石灰水处理
瓷研钵内的污迹	用少量食盐在研钵内研磨后倒掉,再用水洗
被有机物染色的比色皿	用体积比为 1∶2 的盐酸-酒精溶液处理
银迹、铜迹	硝酸
碘迹	用 KI 溶液浸泡,温热的稀 NaOH 或 $Na_2S_2O_3$ 溶液处理

3. 玻璃仪器的洗涤方法

(1) 用水洗　用水和试管刷刷洗，除去仪器上的尘土、不溶性物质和可溶性物质。

(2) 用去污粉、洗衣粉或合成洗涤剂　这些洗涤剂可以洗去油污和有机物质，最后再用自来水清洗。有时去污粉的微小粒子会黏附在玻璃器皿壁上，不易被水冲走，此时可用 2%盐酸摇洗一次，再用自来水冲洗；若油污和有机物质仍然洗不干净，可以用热的碱液洗。但滴定管、移液管等量器，不宜用强碱性的洗涤剂，以免玻璃受腐蚀而影响容器的准确性。

(3) 用洗液洗　坩埚、称量瓶、吸量管、滴定管、移液管、容量瓶等宜用合适的洗液洗涤，必要时可以加热洗液，并浸泡一段时间。洗液可以反复使用。洗液是浓硫酸和重铬酸钾溶液的混合物，有很强的氧化性和酸性。使用洗液时，应避免引入大量的水和还原性物质（如某些有机物），以免洗液冲稀或变绿而失效。洗液具有很强的腐蚀性，用时必须注意。

(4) 用特殊的试剂洗　特殊的玷污应选用特殊试剂洗涤。如仪器上沾有较多 MnO_2，用酸性硫酸亚铁溶液或稀 H_2O_2 溶液洗涤，效果会更好些。

洗净的仪器壁上，不应附着不溶物、油垢，这样的仪器可以被水完全湿润。把仪器倒转过来，如果水沿仪器壁流下，器壁上只留下一层既薄又均匀的水膜，而不挂水珠，则表示仪器已经洗净。

4. 玻璃仪器的干燥方法

玻璃仪器有时需要干燥。根据不同的情况，可采用下列方法将洗净的仪器干燥。

(1) 晾干　可将洗净的仪器倒置在干燥的实验柜内（倒置后不稳定的仪器应

平放）或在仪器架上晾干，以供下次实验使用。

（2）烤干　烧杯和蒸发皿，可以放在石棉网上用小火烤干。试管可直接用小火烤干，操作时应将管口向下，并不时来回移动试管，待水珠消失后，将管口朝上，以便水气逸出去。

（3）烘干　将洗净的仪器放进烘箱中烘干，放进烘箱前要把水沥干，放置仪器时，仪器的口应朝下。

（4）用有机溶剂干燥　在洗净仪器内加入少量有机溶剂（最常用的是酒精和丙酮），转动仪器使容器中的水与其混合，倾出混合液（回收），晾干或用电吹风将仪器吹干（不能放烘箱内干燥），吹干后再吹冷风使仪器逐渐冷却。

带有刻度的容器不能用加热的方法进行干燥，一般可采用晒干或有机溶剂干燥的方法，吹风时宜用冷风。

二、干燥器的使用

实验过程中，一些易吸潮的固体、灼烧后的坩埚或需较长时间保持干燥的实验样品等应放在干燥器内，以防止吸收空气中的水分。干燥器由厚质玻璃制成，其磨口盖上涂有一层薄薄的凡士林，起密封作用。干燥器的下部盛有干燥剂（常用变色硅胶或无水氯化钙），中下部放置一个带孔的圆形瓷板，用于承载被干燥的物品。开启（或关闭）干燥器时，应用左手按住干燥器的主体下部，右手握住盖上的圆柄，朝外（或朝内）平推盖子（图 1-1）。如果被干燥物温度较高，推合盖子时应留一条很小的缝隙，冷却一段时间再盖严，以防止内部空气受热膨胀把盖子顶起而滑落，或因冷却后的负压使盖子难以推开。应当用同样的操作反复推、关几次以放出热空气。

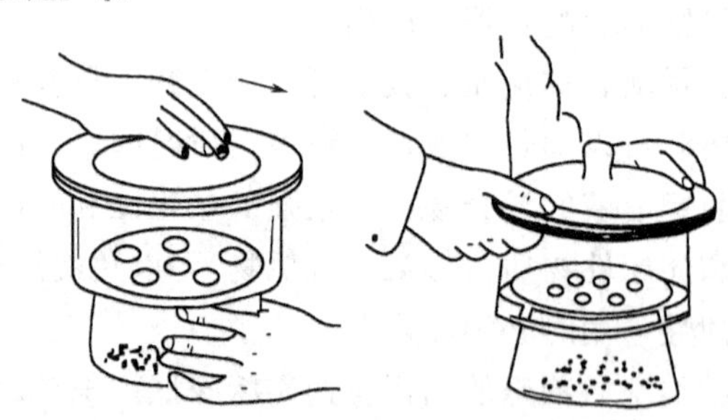

图 1-1　干燥器的使用

使用干燥器时应注意：

① 干燥器应注意保持清洁，不得存放潮湿的物品。

② 干燥器只在存放或取出物品时打开，物品取出或放入后，应立即盖上。

③ 干燥器盖子打开后，要把它翻过来放在桌子上，不要使涂有凡士林的磨口触及桌面。

④ 放在底部的干燥剂，不能高于底部的 1/2 处，以防沾污存放的物品。干燥剂失效后，要及时更换。

三、基本度量仪器的使用方法

1. 量筒

量筒是用来量取液体试剂体积的量器。量筒的容积分为10mL、50mL、100mL、500mL等数种。使用时，把要量的液体注入量筒中，手拿量筒的上部，让量筒竖直，使量筒内液体凹液面的最低处与眼睛的视线保持水平，然后读出量筒上的刻度，即得液体的体积（图1-2）。

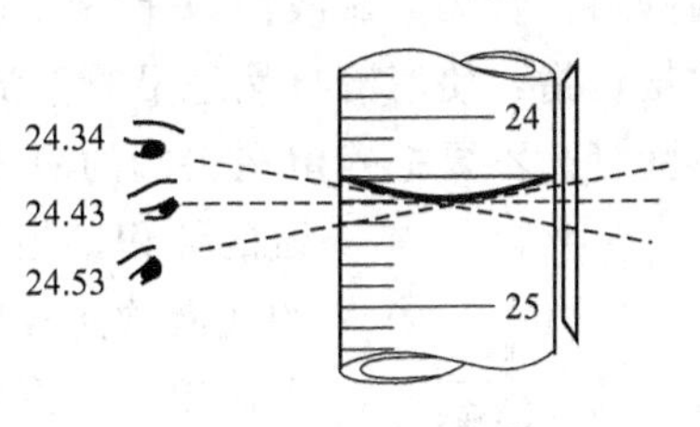

图1-2　量筒的读数

在进行某些实验时，如果不需要准确地量取液体试剂，不必每次都用量筒，可以根据在日常操作中所积累的经验来估计液体的体积。如普通试管容量是20mL，则4mL液体占试管总容量的五分之一。又如滴管每滴出20滴约为1mL，可以用计算滴数的方法估计所取试剂的体积。

2. 移液管和吸量管

移液管和吸量管都是用于准确移取一定体积液体的容器。移液管是一根细长而中间有一膨大部分的玻璃管（俗称大肚吸管），管颈上部刻有一条环形标线，膨大部分标有它的容积和标定时的温度。在标定温度下，使溶液的弯月面与移液管标线相切，让溶液按一定的方式自然流出，则流出的体积与管上标示的体积相同。吸量管是内径均匀的玻璃管，管上有分刻度。它一般只用于量取小体积的溶液，吸量管的准确度不及移液管。一种吸量管的刻度是一直刻到管口，使用这种吸量管时，必须把所有的溶液放出，体积才符合标示数值；另一种的刻度只刻到距离管口尚差1～2cm处，使用时，只需将液体放至液面落到所需刻度即可。

使用前，先用洗液洗净内壁：先慢慢吸入少量洗液至移液管中，用食指按住管口，然后将移液管平持，松开食指，转动移液管，使洗涤液与管口以下的内壁充分接触；再将移液管持直，让洗液流出至回收瓶中，加入少量自来水，同样方法洗涤数次，再用蒸馏水冲洗3次。移取溶液前，用小滤纸片将管尖端内外的水吸净，然后用少量待吸的溶液润洗内壁2～3次，以保证溶液吸取后的浓度不变。

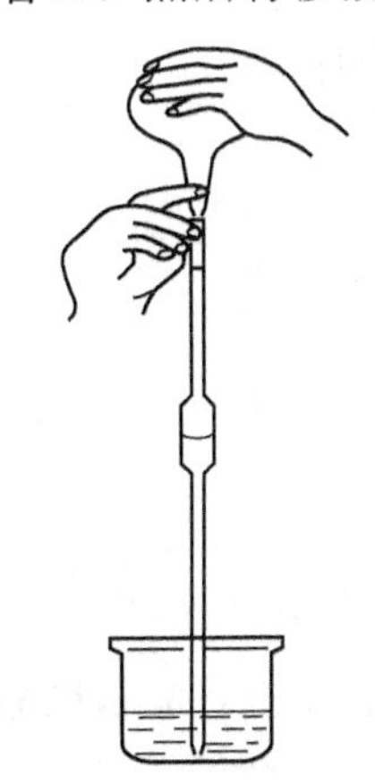
图1-3　移液管的吸液操作

（1）移液管的吸液操作　用右手的大拇指和中指拿住移液管标线以上的部位，将移液管下端伸入液面下1～2cm深度（不宜太浅，以免下降时吸入空气；也不应太深，以免移液管外壁附有过多的溶液）。左手拿住洗耳球，先把球内空气压出，将洗耳球的尖端对准移液管的上管口，然后慢慢松开左手手指，使液体被吸入管内（吸液时，应注意管尖与液面的位置，应使管尖随液面下降而下伸），当液面升高到标线以上时，移走洗耳球，立即用右手的食指按住管口，把移液管提离液面，微微松开食指，用拇指和中指来回捻动移液管，使管内液面慢慢下降，直至溶液的凹液面与标线相切（图 1-3）。

（2）移液管的放液操作　右手垂直地拿住移液管，左手拿盛接溶液的容器并略倾斜，管尖紧靠液面以上容器内壁，使内壁与插入的移液管管尖成 45°左右，放松食指，使溶液自然地沿管壁流出。待液面下降到管尖后，停 15s 左右，取出移液管。不要把残留在尖端的液体吹出，因为在矫正移液管容积时，已经略去残留的体积。当使用标有“吹”字的移液管时，则必须把管内的残液吹入接收器内（图 1-4）。但应注意，由于一些管口尖端做得不很圆滑，因而管尖部分不同方位靠着容器内壁时残留在管尖部分的体积稍有差异，为此，可等 15s 后，将管身往左右旋动一下，这样，管尖部分每次存留的体积仍基本相同，不会导致平行测定时的过大误差。

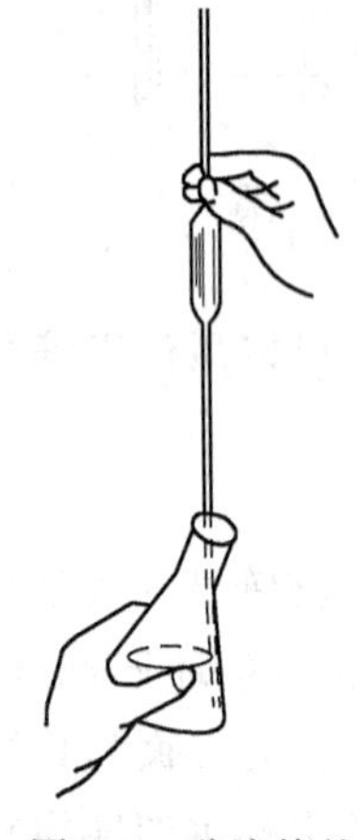

图 1-4　移液管的放液操作

吸量管的使用方法与移液管相同，通常是吸量管的刻度与“0”刻度之差为所放出的体积。因此，很少把溶液直接放到吸量管的底部。同一实验中，尽量使用同一吸量管，且尽量使用上部而不采用末端收缩部分，以减少误差。移液管与吸量管使用后，应洗净放在移液管架上。

3. 容量瓶

容量瓶主要用来配制标准溶液或稀释一定量溶液到一定量体积，常用于测量容纳液体的体积。它是一种细颈梨形的平底玻璃瓶，带有玻璃塞，其颈上有一标线，在指定温度下，当溶液充满至凹液面与标线相切时，所容纳的溶液体积等于瓶上所标示的体积。

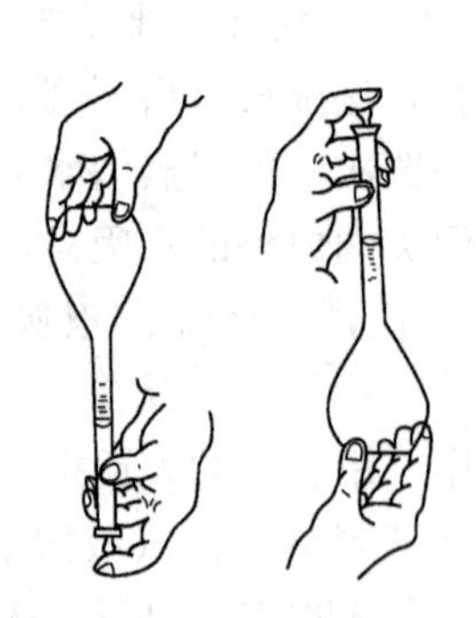

图 1-5　拿容量瓶的方法

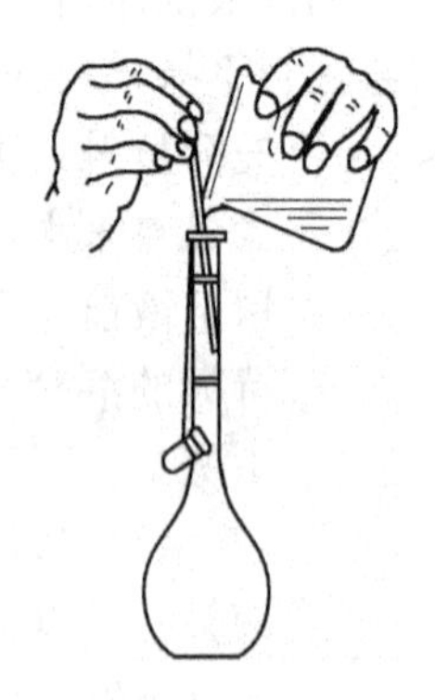

图 1-6　定量转移操作

使用容量瓶前，必须检查是否漏水或标线位置距离瓶口是否太近，漏水或标线离瓶口太近（不便混匀溶液）的容量瓶不能使用。

试漏的方法如下：将自来水加入瓶内至刻度线附近，塞紧磨口塞，用右手手指托住瓶底，左手食指按住塞子，其余手指拿住瓶颈标线以上部分（图 1-5），将瓶倒立 2min，观察有无漏水现象。如不漏水，再将瓶直立，转动瓶塞 180°后倒立 2min，如仍不漏水，即可使用。用橡皮筋或细绳将瓶塞系在瓶颈上。

使用方法：如果是用固体物质配制标准溶液时，先将准确称取的物质置于小烧杯中溶解后，再将溶液定量转入容量瓶中。定量转移时，右手拿玻璃棒，左手拿烧杯，使烧杯嘴紧靠玻璃棒，而玻璃棒则悬空伸入容量瓶口中，棒的下端靠住瓶颈内壁，慢慢倾斜烧杯，使溶液沿着玻璃棒流下（图 1-6），倾完溶液后，将烧杯嘴沿玻璃棒慢慢上移，同时将烧杯直立，然后将玻璃棒放回烧杯中。用少量蒸馏水冲洗玻璃棒和烧杯内壁，依上法将洗液定量转入容量瓶中，如此冲洗、定量转移 5 次以上，以确保转移完全。然后加水至容量瓶 2/3 容积处（如不进行初步混合，而是用水调至刻度，那么当溶液与水在最后摇匀混合时，会发生收缩或膨胀，弯月面不能再落在刻度处），将瓶塞塞好，以同一方向旋摇容量瓶，使溶液初步混匀。但此时切不可倒转容量瓶，继续加水至距离刻线 1cm 处后，等 1～2min，使附在瓶颈内壁的溶液流下，用滴管滴加水至凹液面下缘与标线相切，塞上瓶塞，以左手食指压住瓶塞，其余手指拿住刻线以上瓶颈部分，右手全部指尖托住瓶底边缘，将瓶倒转，使气泡上升到顶部，摇匀溶液，再将瓶直立，如此反复 10 余次后，将瓶直立，由于瓶塞部分的溶液未完全混匀，因此打开瓶塞使瓶塞附近溶液流下，重新塞好塞子，再倒转，摇荡 3～5 次，以使溶液完全混匀。

如果把浓溶液定量稀释，则用移液管吸取一定体积的浓溶液移入瓶中，按上述方法稀释至刻度线，摇匀。

使用容量瓶应注意下列事项：

① 不可将玻璃磨口塞随便取下放在桌面上，以免沾污或搞错，可用右手的食指和中指夹住瓶塞的扁头部分，当须用两手操作不能用手指夹住瓶塞时，可用橡皮筋或细绳将瓶塞系在瓶颈上。

② 不可用容量瓶长期存放溶液，应转移到试剂瓶中保存，试剂瓶应先用配好的溶液荡洗 2～3 次后，才可盛放配好的溶液。热溶液应冷却至室温后，才能定量转移到容量瓶中，容量瓶不可在烘箱中烘烤，也不可电炉等加热器上加热，如需使用干燥的容量瓶，可用乙醇等有机溶剂荡洗晾干或用电吹风的冷风吹干。

③ 如长期不用容量瓶，应将磨口塞部分擦干，并用小纸片将磨口隔开。

4. 滴定管

滴定管是滴定时用来准确测定流出的操作溶液体积的量器。常量分析最常用的是容积为 50mL 的滴定管，其最小刻度是 0.1mL，因此，读数可达小数点后第 2 位，一般读数误差为＋0.02mL。另外，还有容积为 10mL、5mL、2mL、1mL 的微量滴定管。滴定管一般分为两种：一种是下端带有玻璃旋塞的酸式滴定管，用于盛放酸类溶液或氧化性溶液；另一种碱式滴定管，其下端连接一段医用乳胶管，内放一玻璃珠，以控制溶液的流速，橡皮管下端再连接一个尖嘴玻璃管，碱式滴定管用于盛放碱类溶液。一般而言，酸式滴定管不能盛放碱类溶液，因其磨口玻璃旋塞会被碱类溶液腐蚀，放置久了，旋塞打不开。而碱式滴定管也不能氧化性溶液，如高锰酸钾、碘和硝酸银等。

(1) 洗涤 滴定管可用自来水冲洗或先用滴定管刷蘸肥皂水或其他洗涤剂洗刷（但不能用去污粉），而后再用自来水冲洗。如有油污，酸式滴定管可直接在管中加入洗液浸泡，而碱式滴定管则要先去掉橡皮管，接上一小段塞有短玻璃棒的橡皮管，然后再用洗液浸泡。总之，为了尽快而方便地洗净滴定管，可根据脏物的性质、弄脏的程度选择合适的洗涤剂和洗涤方法。脏物去除后，需用自来水多次冲洗。若把水放掉以后，其内壁应该均匀地润上一薄层水。如管壁上还挂有水珠，说明未洗净，必须重洗。

(2) 玻璃活塞涂凡士林 为了使玻璃活塞转动灵活并防止漏水现象，需将活塞涂上凡士林。先用滤纸将活塞或活塞套擦干，然后用玻璃棒取少量凡士林在左掌心润开，用右手食指沾上少许凡士林，在活塞的大头（或活塞孔的两侧）及滴定管活塞套内壁部分均匀地涂上薄薄一层（注意不要堵塞活塞孔），将涂好凡士林的活塞小心地插入活塞套中，朝同一方向旋转活塞，直到活塞与活塞套接触处全部透明为止。涂好的活塞转动要灵活，而且不漏水。把装好活塞的滴定管平放在桌上，让活塞的小头朝上，然后在小头部分的沟槽上套上一小橡皮圈（可从橡皮管上剪下）以防活塞脱落（图 1-7）。

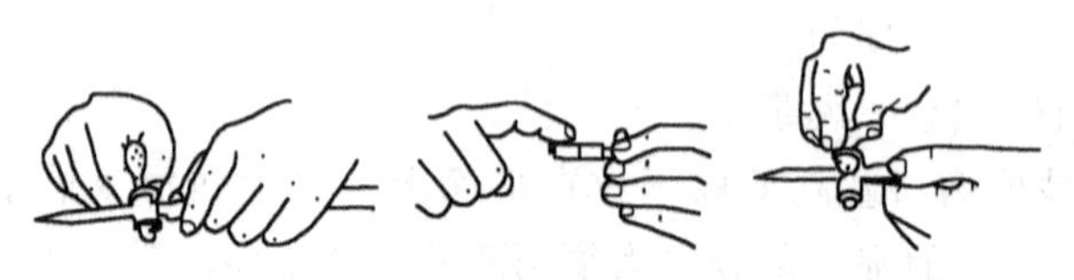

图 1-7 玻璃活塞涂凡士林

如不慎将凡士林掉进管口尖，产生管口堵塞现象时，可将它插入热水中温热片刻，打开活塞使管内水突然流出，将软化的凡士林排出。或做一根直径小于管口的细铁丝，从管尖处插入凡士林中，转动后取出包裹有凡士林的铁丝，然后将管尖插入四氯化碳中，此时附在壁内的凡士林随即溶解，片刻后用自来水洗净。

(3) 试漏 滴定管装水至“0”刻度左右，将其夹在滴定管架上，直立约 2min，观察活塞边缘和管端有无水渗出。然后再将活塞旋转 180°，再静置 2min，观察有无漏水现象。如无漏水现象即可使用。

对碱式滴定管，应检查一下橡皮管是否老化，玻璃珠大小是否恰当，玻璃珠过大，操作不方便，溶液流出速度太慢；玻璃珠太小，则会漏水。如玻璃珠不合要求，应及时更换。

(4) 标准溶液的装入 为避免标准溶液装入后被稀释，应先用待装入的标准溶液润洗滴定管2～3次（第一次10mL，第二、第三次各5mL），具体操作方法如下：左手前三指持滴定管上部无刻度处，略倾斜，右手拿住试剂瓶，往滴定管中倒入约10mL标准液，然后两手平端滴定管，慢慢转动，使标准液润洗全部内壁，第一次润洗的大部分溶液可由上口放出，第二、第三次润洗后，应将活塞打开放出溶液，且尽量排出残留液。

在装入标准液时，应直接倒入，不可借助于其他任何器皿，以免改变标准溶液浓度或造成污染。装好标准溶液后，注意检查下端管口部分（碱式滴定管的橡皮管内）有无气泡，滴定过程中，气泡的逸出会影响溶液体积的准确测量。排出气泡时，对于酸式滴定管，右手拿住滴定管上部没有刻度处，左手托住活塞，将滴定管倾斜30°角，用左手迅速打开活塞，使溶液很快冲出，将气泡赶出去，下端管口充满溶液。对于碱式滴定管，气泡易滞留在橡皮管内部。用右手拿住滴定管上部没有刻度处，将滴定管倾斜30°角，左手可将橡皮管向上弯曲，两手指挤压玻璃珠两边（稍偏上），使气泡随溶液从管口排出（图1-8）。

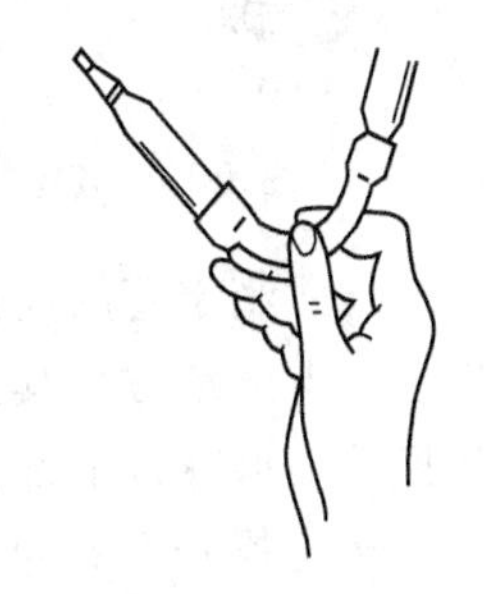

图1-8　排气泡

（5）读数　将滴定管从滴定架上取下，用右手大拇指和食指捏住滴定管上部无刻度处，其他手指从旁辅助，使滴定管保持垂直进行读数。对无色溶液，应读取弯月面下层最低点，即视线与弯月面下层实线的最低点在一水平面上［图1-9(a)］。

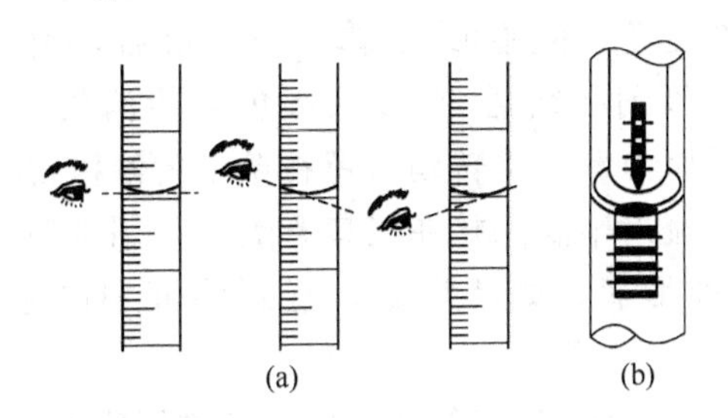

图1-9　滴定管读数方法

对于有色溶液，其弯月面不够清晰，读数时，视线应与液面两侧最高点相切。对于蓝线滴定管，无色溶液的读数应以两个弯月面与蓝线呈现的三角交叉点与刻度相交的最尖部分为读数［图1-9(b)］。深色溶液也是读取液面两侧的最高点。

为了能正确读数，一般应遵守下列原则：注入或放出溶液后，需等1～2min，使附着在内壁上的溶液流下后才能读数，如果放出溶液的速度较慢（例如，接近化学计量点附近），需等0.5～1min后方可读数。

读数必须读到小数点后第二位，即要估计到0.01mL，滴定管上两小刻度之间为0.1mL。分析工作者必须经过严格训练，才能估计出0.1mL的1/10值，一般可这样估计：当液面在两小刻度中间为 0.05mL；在两小刻度的 1/3 处为 0.03mL 或 0.07mL，当液面在两小刻度的 1/5 处为 0.02mL。

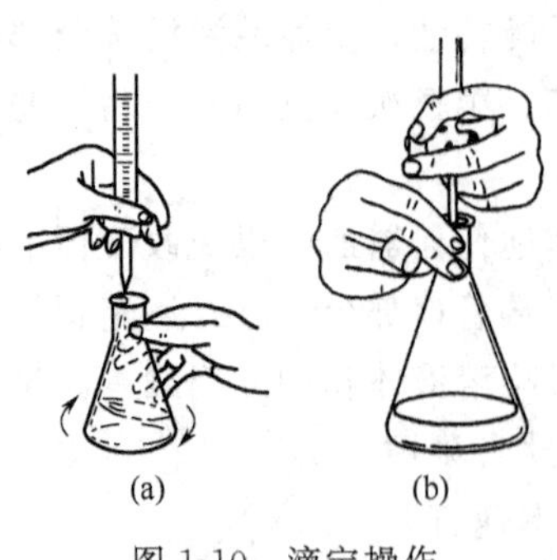

图 1-10 滴定操作

(6) 滴定操作 使用滴定管时，一般将酸式滴定管夹在滴定架右边，碱式滴定管夹在滴定架左边。

酸式滴定管的使用方法：左手控制滴定管活塞，大拇指在前，食指与中指在后，手指均略弯曲，轻轻向内扣住活塞，无名指与小指轻轻顶住与管端相交的直角 [图 1-10(a)]。注意：切勿用手心顶住活塞小头部分，否则将造成活塞松动、漏水。

碱式滴定管的使用方法：用左手大拇指和食指捏挤橡皮管中玻璃珠所在部位稍上一点的地方，其余三指辅助夹住出口管，使出口管垂直而不摆动。注意：切勿捏挤玻璃珠以下部分，否则放开手时，乳胶管管尖部分会产生气泡。

滴定操作可在锥形瓶中进行。左手控制滴定管活塞，右手的大拇指、食指和中指夹住锥形瓶瓶口，其余两指辅助在下侧，使锥形瓶离滴定台 2～3cm，滴定管下端伸入瓶口内约 1cm，左手按前述方法滴加溶液，右手持锥形瓶，用腕力以同一方向作圆形摇动，摇瓶时速度不可太慢，以免影响化学反应速度。一般来说，开始滴定速度可稍快，但应呈“见滴成线”状，接近终点时，指示剂的作用使溶液局部变色，但锥形瓶转动 1～2 次后，颜色完全消失。此时应该为加一滴摇一摇，等到必须摇 2～3 次颜色才能消失时，表示终点已接近，此时用洗瓶冲洗锥形瓶内壁，将转动时留在壁上的溶液洗下，然后左手微微转动活塞，使标准溶液流出半滴悬挂在出口管嘴上，用洗瓶把这半滴标准溶液洗落在溶液中，摇动锥形瓶，如此反复，直到溶液刚刚呈现终点颜色不消失为止。

使用带磨口玻璃塞的碘量瓶进行滴定时，玻璃塞应夹在右手的中指和无名指之间 [图 1-10(b)]。

为了便于判断终点时指示剂颜色的变化，可把锥形瓶放在白瓷板或白纸上观察。最后，必须待滴定管内液面完全稳定后，方可读数（在滴定刚完时，常有少量粘在滴定管壁上的溶液仍在继续下流）。

实验完毕后，将滴定管中的剩余溶液倒出，洗净后，倒夹在滴定管架上。

四、试剂及其取用

1. 化学试剂的规格

化学试剂是纯度较高的化学制品。试剂的规格是以杂质含量的多少来划分的。根据国家标准（GB）及部颁标准，常见的化学试剂通常分成四个等级，其规格及适用范围见表 1-3。

表 1-3　化学试剂的规格及适用范围

等级	名称	英文名称	缩写符号	标签颜色	使用范围
一级品	优级纯（保证试剂）	Guaranted Reagent	G. R.	绿色	纯度很高，用于精密的分析和科学研究工作
二级品	分析纯（分析试剂）	Analytical Reagent	A. R.	红色	纯度略低于一级品，用于一般的科学研究和定量分析工作
三级品	化学纯	Chemical Pure	C. P.	蓝色	纯度较二级品差，用于一般定性分析和无机、有机化学实验
四级品	实验试剂	Laboratorial Reagent	L. R.	棕色或其他颜色	纯度较低，但比工业品纯度高，用于要求不高的普通实验

除上述外，还有基准试剂（用于定量分析中标定标准溶液的基准物质，纯度接近一级品）、光谱纯试剂（用于光谱分析中的标准物质）、色谱试剂（用于色谱分析的标准物质）和生化试剂（用于各种生物化学使用）等。

2. 试剂的取用

取用试剂时，应先看清试剂的名称和规格是否符合，以免用错试剂。试剂瓶盖打开后，翻过来放在干净的地方，以免盖上时带入脏物，取试剂后应及时盖上瓶盖，然后将试剂瓶的瓶签朝外放至原处。取用试剂时要注意节约，过量的试剂不应放回原试剂瓶内，有回收价值的应放入回收瓶中。

（1）固体试剂的取用　取用固体试剂一般使用牛角药匙、不锈钢药匙或塑料药匙，药匙的两端为大小两个匙，取大量固体时用大匙，取少量固体时用小匙。使用的药匙必须干净，专匙专用，药匙用后应立即洗净。

要求取一定质量的固体时，可把固体放在纸上或表面皿上，再用台秤称量。具有腐蚀性或易潮解的固体，不能放在纸上，而应放在玻璃器皿内进行称量。要求准确称取一定量的固体时，可在分析天平上用直接称量法或减量法称量。

（2）液体试剂的取用　从细口瓶中取用液体试剂时，将瓶塞取下，反放在桌面上，手心朝向标签处握住试剂瓶（以免倾注液体时弄脏标签），沿玻璃棒向容器中倾注试剂，用后将瓶口在容器上靠一下，以免留在瓶口处的液滴流到瓶的外壁［图 1-11(a)、(b)］。

(a) 用烧杯取试剂

(b) 用试管取试剂

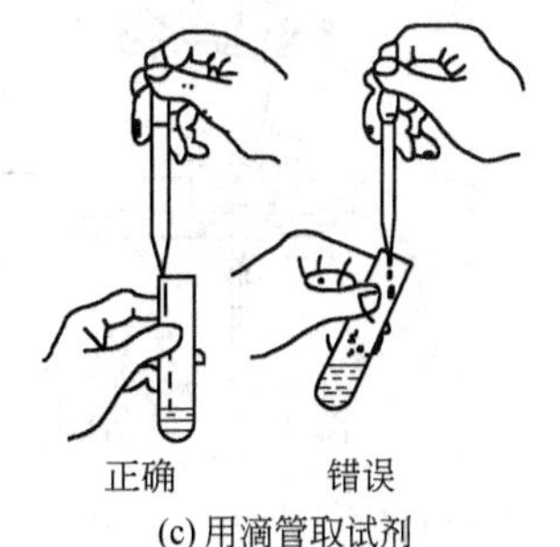

(c) 用滴管取试剂

图 1-11　液体试剂的取用

从滴瓶中取用液体试剂时，将液体试剂吸入滴管后，用无名指和中指夹住滴管，悬于试管口稍上一点，不得将滴管插入试管中［图 1-11(c)］。滴管只能专用，用后随时放回原滴瓶。使用滴管的过程中，装有试剂的滴管不得横放或滴管口向上倾斜，以免液体流入滴管的橡皮帽中。

试管实验中，可用计算滴数的办法估计取用液体的量，一般滴管 20 滴约相当于 1mL。

五、蒸发（浓缩）、结晶

1. 蒸发浓缩

蒸发浓缩视溶质的性质可分别采用直接加热或水浴加热的方法进行。对于固态时带有结晶水或低温受热易分解的物质，由于它们形成的溶液的蒸发浓缩，一般只能在水浴上进行。常用的蒸发容器是蒸发皿。蒸发皿内所盛液体的量不应超过其容积的 2/3。随着水分的蒸发，溶液逐渐被浓缩，浓缩的程度取决于溶质溶解度的大小及对晶粒大小的要求，一般浓缩到表面出现晶体膜，冷却后即可结晶出大部分溶质。

2. 重结晶

重结晶是使不纯物质通过重新结晶而获得纯化的过程，它是提纯固体的重要方法之一。把待提纯的物质溶解在适当的溶剂中，滤去不溶物后进行蒸发浓缩，浓缩到一定浓度的溶液，经冷却后会析出溶质的晶体。

六、溶液和沉淀的分离

1. 倾析法

对于相对密度较大的沉淀或颗粒较大的晶体，静置后能较快沉降至容器底部，可采用简单的倾析法进行分离和洗涤。倾析法的操作如图 1-12 所示。如果需对沉淀进行洗涤，应用去离子水充分搅拌后，再沉降、倾析，重复 2～3 次即可。

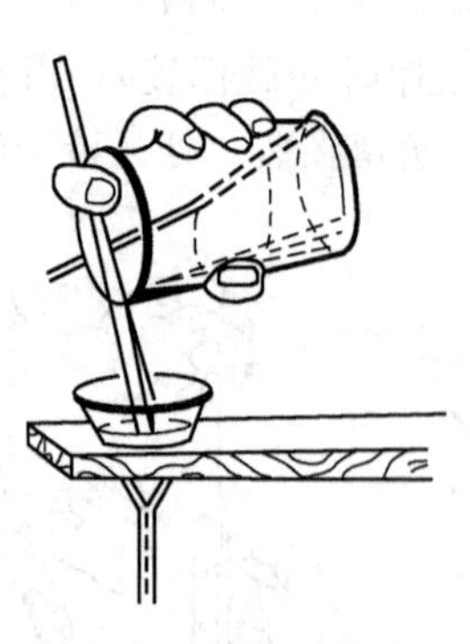

图 1-12　倾析法操作

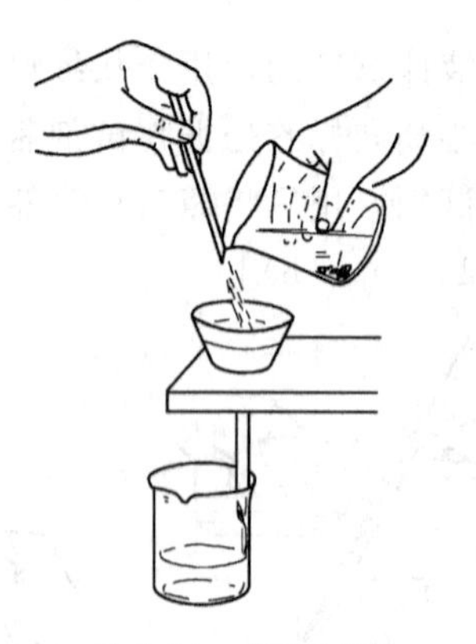

图 1-13　普通过滤

2. 过滤法

普通（常压）过滤、减压过滤和热过滤是常用的过滤方法。

(1) 普通过滤　此法通常使用60°角的圆锥形玻璃漏斗和滤纸。放进漏斗的滤纸，其边缘应比漏斗的边缘略低。先将滤纸润湿，然后过滤。倾入漏斗的液体，其液面应比滤纸的边缘低1cm，其操作如图1-13所示。

滤纸的组织疏密程度不同，过滤速度也不同，过滤无定形沉淀［如$Fe(OH)_3$等］可用疏松快速型滤纸，过滤晶形沉淀（如CaC_2O_4等）可选用中等疏松度的中速型滤纸，过滤微细形沉淀（如$BaSO_4$等）可选用组织最紧密的慢速型滤纸。折叠普通过滤所用滤纸的方法如图1-14所示。用清洁、干燥的手将滤纸对折，据漏斗角的大小再对折滤纸，张开成圆锥形，放入洁净而干燥的漏斗内，如滤纸与漏斗不吻合，将滤纸锥度折成钝角或锐角，使其与漏斗贴合。贴合后，将3层滤纸一侧的外层撕下一小角，以便内层更贴紧漏斗。滤纸放入漏斗后，用手按住滤纸3层的一边，用洗瓶挤水湿润滤纸，用玻璃棒小心按压滤纸，赶出滤纸与漏斗间的气泡，使滤纸与漏斗贴紧。

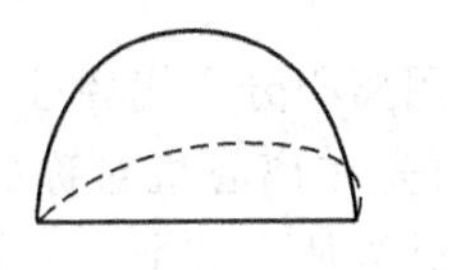
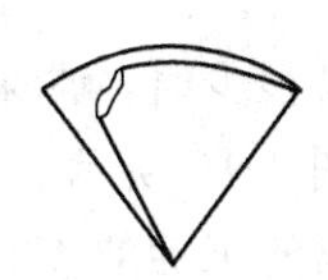
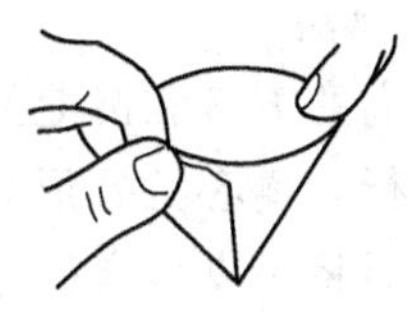

图1-14　滤纸的折叠法

(2) 减压过滤（抽气过滤）　减压过滤通常使用瓷质的布氏漏斗，漏斗配以橡皮塞，装在玻质吸滤瓶上。吸滤瓶的支管则用橡皮管与抽气装置连接（图1-15）。若用水泵，吸滤瓶与水泵之间宜连接一个缓冲瓶；若用油泵，吸滤瓶与油泵之间应连接吸收水气的干燥装置和缓冲瓶。滤纸应剪成比漏斗内径略小但能完全盖住所有瓷孔的圆形。

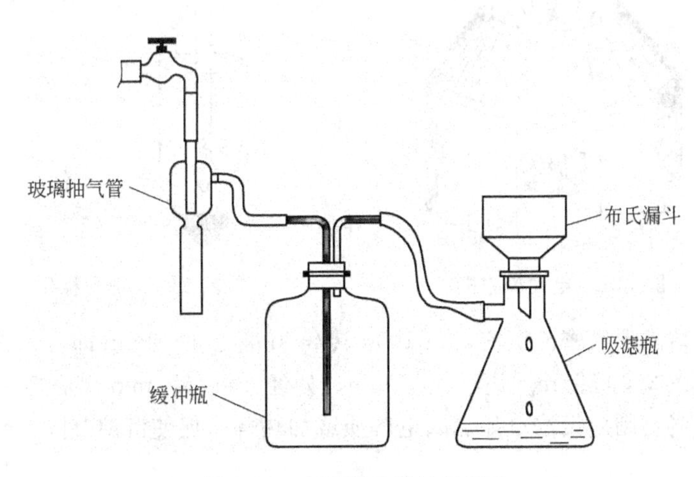

图1-15　布氏漏斗的抽气装置

过滤时，先用溶剂把平铺在瓷板上的滤纸润湿。然后开动水泵或油泵，使滤纸紧贴在瓷板上。小心地把要过滤的混合物倒入漏斗中，使固体均匀地分布在整个滤纸面上，一直抽到几乎没有液体滤出为止。

为了尽量把液体除净，可用玻璃瓶塞压挤过滤的固体——滤饼。

在漏斗上洗涤滤饼的方法：把滤饼尽量地抽干、压干。缓慢断开缓冲瓶或吸滤瓶处的橡胶管，使吸滤瓶中恢复常压，把少量溶剂均匀地撒在滤饼上，使溶剂恰能盖住滤饼。静置片刻，使溶剂渗透滤饼，待有液滴从漏斗下端滴下时，重新抽气，再把滤饼尽量抽干、压干。这样反复几次，就可以把滤饼洗净。注意：在停止抽气时，先断开缓冲瓶或吸滤瓶处的橡皮管，后关闭抽气泵。

减压过滤的优点：过滤和洗涤的速度快，液体和固体分离得较完全，滤出的固体容易干燥。

强酸性或强碱性溶液过滤时，应在布氏漏斗的瓷板上铺玻璃布或涤纶布来代替滤纸。

3. 离心分离法

如果被分离的溶液和沉淀的量很少时，常采用离心分离代替过滤。离心分离在离心机上进行，离心机外形如图 1-16 所示。事先在离心机对称的套管底部各垫点棉花，然后将一支盛有待分离的沉淀的离心试管放入其中一个套管内，在与之对称的另一套管内放入盛有等体积水的离心试管，以保持离心机旋转时内臂的平衡，而不致损坏离心机机轴。启动离心机调速钮，逐渐加速，停止离心时，应逐渐减速让离心机自然停止转动，以防损坏离心机。注意：切不可用手强迫离心机停止转动，以防伤手。

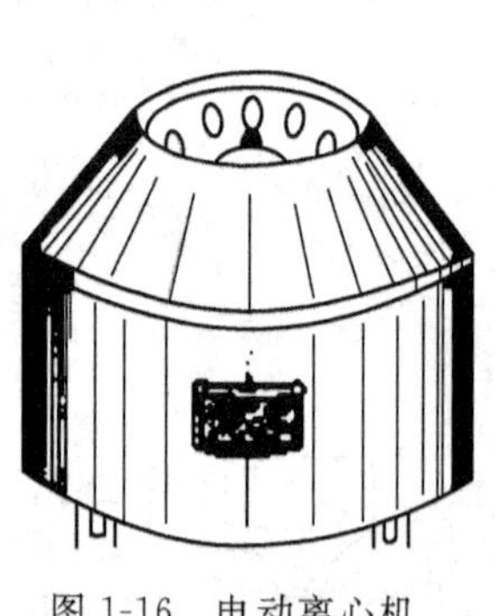

图 1-16 电动离心机

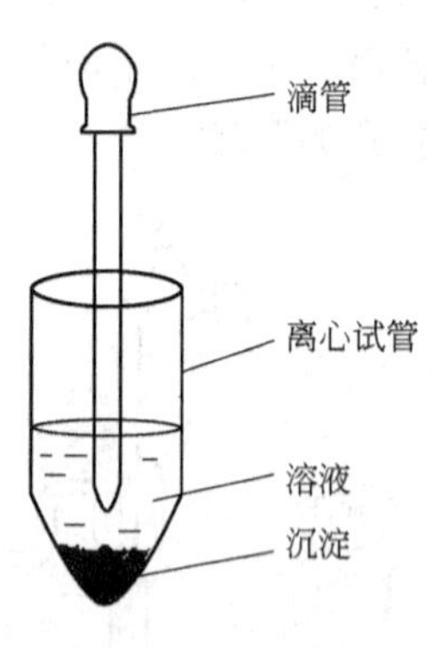

图 1-17 分离操作

一般，结晶形紧密的沉淀，在 1000 转/min 离心 1～2min 即可；无定形的疏松沉淀，可在 2000 转/min 离心 1～2min；如经 2000 转/min 离心 3～4min 后仍不能使其分离，则应设法（如加入电解质或加热等）促使沉淀沉降，然后再进行离心分离。

离心分离操作：离心沉降后，用吸管把清液和沉淀分开。先用手指捏紧吸管上的橡皮头，排除空气，然后将吸管轻轻插入清液（不可接触沉淀，也不能再捏橡皮头，如图1-17所示)，慢慢放松橡皮头，溶液慢慢进入管中，慢慢拿出吸管，将溶液转移至另一干净干燥的试管中，反复移取，直至溶液全部转移出去。

沉淀的洗涤：如果要将沉淀溶解后再作鉴定，必须在溶解前，将沉淀洗涤干净。常用的洗涤剂是蒸馏水。加洗涤剂后，用搅拌棒充分搅拌，离心分离，清液用吸管吸出。必要时可重复洗几次。

七、天平的使用

实验中由于对质量精确度的要求不同，需要用不同类型的天平进行称量。常用的天平有台式天平（又称为台秤、托盘天平）、化学天平和分析天平等。一般来说，台式天平的感量（称量的精确程度，即精密度）是0.1g，化学天平的感量是0.01g，而分析天平的感量则为0.0001g。

台式天平的构造如图1-18所示。由横梁、托盘、指针、刻度牌、游码标尺、游码和平衡调节螺丝七部分组成。使用前，需把游码放在刻度尺的零处，检查天平的摆动是否平衡。如果平衡，则指针摆动时在刻度牌中心线两侧所指示的距离相等，当指针静止时应指在标尺的中心线。

称量时，将要称量的物品放在左盘内，先估计一下物品的大致质量，然后在右盘内添加砝码。砝码通常从大的加起，如果偏重，就换成稍小一点的砝码，10g以下的砝码用游码代替，直到天平平衡为止。台式天平的砝码和游码应用镊子夹取。

称量固体药品时，应在两托盘内各放一张质量相等或相近的蜡光纸，然后用药匙取药品放在左盘的纸上；称量NaOH、KOH等易潮解或具有腐蚀性的固体时，应衬以表面皿；称量液体药品时，要用已称过质量的容器盛放药品。

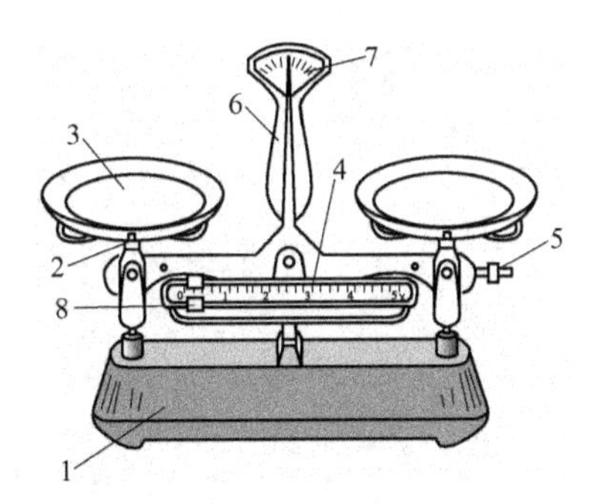

图1-18　台式天平构造

1—底座；2—托盘架；3—托盘；4—标尺；5—平衡螺母；
6—指针；7—分度盘；8—游码

台式天平的正确使用方法如下。

(1) 称量前调零　称量前应先将游码拨至标尺的“0”线，观察指针在刻度牌中心线附近的摆动情况。若等距离摆动，则表示台秤可以使用，否则应调节托盘下面的平衡调节螺丝，直到指针在中心线左右等距离摆动，或停在中心线上为止。

（2）左盘放被称量物，被称量物不能直接放在托盘上，依其性质放在蜡光纸上、表面皿上或其他容器里。

（3）添加砝码应按估计质量从大到小添加，最小质量砝码以下的砝码用游码代替，直至天平平衡。

（4）称量后，及时记录，取下重物后，砝码要放回砝码盒，游码归零处。

注意：不能称量热的物体；称量完毕后，台秤与砝码要恢复原状；要保持台秤清洁。

第二部分　无机及分析化学实验

实验一　硫酸亚铁铵的制备

一、实验目的

1. 了解复盐的一般制备方法。

2. 掌握水浴加热、蒸发、浓缩、结晶和减压过滤等操作。

3. 学习用目测比色法检验产品质量的方法。

二、实验原理

铁能与稀硫酸反应生成硫酸亚铁：

$$Fe(s)+2H^+ \longequal Fe^{2+}+H_2\uparrow$$

等物质的量的硫酸亚铁与硫酸铵在水溶液中相互作用，生成溶解度较小的复盐 $FeSO_4 \cdot (NH_4)_2SO_4 \cdot 6H_2O$：

$$FeSO_4(aq)+(NH_4)_2SO_4(aq)+6H_2O(l) \longequal FeSO_4 \cdot (NH_4)_2SO_4 \cdot 6H_2O(s)$$

所得产品为浅绿色单斜晶体，又称摩尔盐，易溶于水，难溶于乙醇。它比一般亚铁盐稳定，在空气中不易被氧化，在分析化学中常被选用为氧化还原滴定的基准物。

硫酸亚铁在中性溶液中能被溶于水中的少量氧气氧化，并进而与水作用，甚至析出棕黄色的碱式硫酸铁（或氢氧化铁）沉淀。如果溶液的酸性较弱，则亚铁盐（或铁盐）中的 Fe^{2+} 与水作用的程度将会增大。在制备 $FeSO_4 \cdot (NH_4)_2SO_4 \cdot 6H_2O$ 过程中，为了使 Fe^{2+} 不与水作用，溶液需要保持足够的酸度。

用目测比色法可估计产品中所含杂质 Fe^{3+} 的量，由于 Fe^{3+} 与 SCN^- 生成红色的物质 $[Fe(SCN)_n]^{3-n}$，当红色较深时，表明产品中含 Fe^{3+} 较多；当红色较浅时，表明产品中含 Fe^{3+} 较少。所以只要将所制得的硫酸亚铁铵晶体与 KSCN 溶液在比色管中配制成待测溶液，将它所呈现的红色与含一定量 Fe^{3+} 所配制成的标准 $[Fe(SCN)_n]^{3-n}$ 溶液的红色进行比较，根据红色深浅程度相仿情况，即可知待测溶液中杂质 Fe^{3+} 的含量，从而可确定产品的等级。

三、仪器与药品

仪器：台式天平、煤气灯、循环水式真空泵、烧杯、表面皿、石棉网、铁架台、铁圈、水浴锅、量筒、点滴板、pH 试纸、滤纸。

药品：铁屑、HCl（2.0mol/L）、Na_2CO_3（10%）、KSCN（0.1mol/L）、

$(NH_4)_2SO_4$ 固体、H_2SO_4（3mol/L)、标准 Fe^{3+}溶液（0.0100mg/mL)。

四、实验步骤

1. 铁屑的预处理

用台秤称取 4.0g 碎铁屑，放入 150mL 烧杯中，加入 10% Na_2CO_3 溶液 20mL，放在石棉网上加热煮沸约 10min。用倾析法倾去碱液，用水把碎铁屑洗至中性。

2. $FeSO_4$ 的制备

在盛有处理过的碎铁屑的小烧杯中，加入 3mol/L H_2SO_4 溶液 20mL，盖上表面皿，放在水浴中加热。加热过程中，要控制 Fe 与 H_2SO_4 的反应不要过于激烈，还应注意补充蒸发掉的少量的水，以防止 $FeSO_4$ 结晶，同时要控制溶液的 pH 值不大于 1。

待反应速度明显减慢（大约 30min 后），用普通漏斗趁热过滤。如果滤纸上有 $FeSO_4 \cdot 7H_2O$ 晶体析出，可用热去离子水将晶体溶解，用少量 3mol/L H_2SO_4 洗涤未反应的铁屑和残渣，洗涤液合并至反应液中。

过滤完后将滤液转移至干净的蒸发皿中，未反应的铁屑用滤纸吸干后称重，计算已参加反应的铁的质量。

3. $FeSO_4 \cdot (NH_4)_2SO_4 \cdot 6H_2O$ 的制备

根据反应消耗 Fe 的质量或生成 $FeSO_4$ 的理论产量，计算制备硫酸亚铁铵所需 $(NH_4)_2SO_4$ 的量［考虑 $FeSO_4$ 在过滤等操作中的损失，$(NH_4)_2SO_4$ 的用量，大致可按 $FeSO_4$ 理论产量的 80%计算］。

按计算量称取$(NH_4)_2SO_4$，将其配制成室温下的饱和溶液，加入到 $FeSO_4$ 溶液中，然后在水浴中加热蒸发至溶液表面出现晶膜为止（蒸发过程中不宜搅动）。从水浴中取出蒸发皿，静置，使其自然冷却至室温，得到浅蓝绿色的 $FeSO_4 \cdot (NH_4)_2SO_4 \cdot 6H_2O$ 晶体。用减压过滤的方法进行分离，母液倒入回收瓶中，晶体再用少量 95%的乙醇淋洗，以除去晶体表面所附着的水分（此时应继续抽滤）。将晶体取出，用滤纸吸干，称重，计算理论产量及产率。

五、数据记录与计算

将实验中所需各物质的量及产量、产率计算结果，产品等级记录于表 2-1 中。

表 2-1 数据记录和结果处理

已作用的 Fe 质量/g	$(NH_4)_2SO_4$ 饱和溶液				$FeSO_4 \cdot (NH_4)_2SO_4 \cdot 6H_2O$	
	$(NH_4)_2SO_4$ 质量/g	H_2O 体积/mL	理论产量/g	实际产量/g	产率/%	级别

六、思考题

1. 为什么制备硫酸亚铁铵晶体时，溶液必须呈酸性？在本实验中是怎样来保证溶液的酸性的？

2. 在蒸发硫酸亚铁铵溶液过程中，为什么有时溶液会由浅蓝绿色逐渐变为黄色？此时应如何处理？

3. 减压过滤操作时，有哪些应注意之处？

附：实验中用到的几种盐的溶解度见表 2-2。

表 2-2　在不同温度下的一些盐类的溶解度（以 100g 水中盐的克数计）

温度 T/K	273	283	293	303	313	323	333
$FeSO_4$	15.6	20.5	26.5	26.5	40.2	48.6	—
$(NH_4)_2SO_4$	70.6	73.0	75.4	78.0	81.6	—	88.0
$FeSO_4 \cdot (NH_4)_2SO_4 \cdot 6H_2O$	12.5	17.2	—	—	33.0	40.0	—

实验二 酸碱反应与缓冲溶液

一、实验目的

1. 加深理解酸碱理论、同离子效应及盐类水解概念。

2. 学习缓冲溶液的配制方法。

3. 学习使用 pHS-25 型酸度计测定缓冲溶液 pH 值。

二、实验原理

1. 同离子效应

一定温度下，弱电解质在水中部分解离，解离平衡如下：

$$HA(aq)+H_2O(l) \rightleftharpoons H_3O^+(aq)+A^-(aq)$$

$$B(aq)+H_2O(l) \rightleftharpoons BH^+(aq)+OH^-(aq)$$

向弱电解质溶液中加入与弱电解质含有相同离子的易溶强电解质，解离平衡向生成弱电解质的方向移动，使弱电解质的解离度下降，这种现象称为同离子效应。

2. 盐的水解

水解反应是酸碱中和反应的逆反应。水解反应吸热，升高温度有利于水解反应进行。弱酸强碱盐水解，溶液呈碱性；强酸弱碱盐水解，溶液呈酸性；弱酸弱碱盐水解，溶液的酸碱性取决于弱酸弱碱的相对强弱。例如：

$$Ac^-(aq)+H_2O(l) \rightleftharpoons HAc(aq)+OH^-(aq)$$

$$NH_4^+(aq)+H_2O(l) \rightleftharpoons NH_3 \cdot H_2O(aq)+H^+(aq)$$

$$NH_4^+(aq)+Ac^-(aq)+H_2O(l) \rightleftharpoons NH_3 \cdot H_2O(aq)+HAc(aq)$$

3. 缓冲溶液

缓冲溶液能抵抗少量外来强酸、强碱或适当稀释而保持 pH 值基本不变。缓冲溶液一般由弱酸及其盐、弱碱及其盐、多元弱酸的酸式盐及其次级盐组成，如 HAc-$NaAc$、$NH_3 \cdot H_2O$-NH_4Cl、NaH_2PO_4-Na_2HPO_4 等。

由弱酸-弱酸盐组成的缓冲溶液的 pH 值可由下列公式计算：

$$pH=pK_a^{\ominus}(HA)-\lg\frac{C(HA)}{C(A^-)}$$

由弱碱-弱碱盐组成的缓冲溶液的 pH 值可由下列公式计算：

$$pH=14-pK_b^{\ominus}(BOH)+\lg\frac{C(B^+)}{C(BOH)}$$

缓冲溶液的 pH 值可由酸度计测定，其缓冲能力与组成缓冲溶液的弱酸（弱碱）及其盐的浓度有关，当弱酸（弱碱）及其盐的浓度较大时，其缓冲能力较强。此外，缓冲能力还与 $\lg\frac{C(HA)}{C(A^-)}$ 或 $\lg\frac{C(B^+)}{C(BOH)}$ 有关，当比值为 1 时，缓冲能力最强。此比值通常选在 0.1～10 之间。

三、仪器及药品

1. 仪器

pHS-25 型 pH 计、量筒（10mL）、点滴板、烧杯（50mL，100mL）、煤气灯。

2. 药品

酸：HAc（1.0mol/L，0.1mol/L）、HCl（2mol/L，0.1mol/L）。

碱：NaOH（2.0mol/L，0.1mol/L）、$NH_3 \cdot H_2O$（1.0mol/L，0.1mol/L）。

盐：Na_2CO_3（0.1mol/L，饱和）、NH_4Cl（0.1mol/L，1.0mol/L）、NaCl（0.1mol/L）、$BiCl_3$（0.1mol/L）、$Fe(NO_3)_3$（0.5mol/L）、NaAc（1.0mol/L）。

指示剂：甲基橙、酚酞。

缓冲溶液：pH 为 4.003、6.864、9.182 的标准缓冲溶液。

pH 试纸。

四、实验步骤

1. 同离子效应

① 在试管中加入 0.1mol/L HAc 溶液 2mL，1～2 滴甲基橙指示剂，摇匀，观察溶液的颜色。然后分在两支试管中，一支作对比，在另一支中加入少量固体 NaAc，振荡溶解后，观察两支试管中溶液颜色的变化，解释实验现象。

② 利用 0.1mol/L $NH_3 \cdot H_2O$ 溶液，设计一个实验，证明同离子效应能使 $NH_3 \cdot H_2O$ 的解离度降低的事实（应选用哪种指示剂?）。

2. 盐类的水解平衡及其移动

（1）用 pH 试纸分别检验 0.1mol/L 的 NaAc、NH_4Cl 和 NaCl 溶液的 pH 值，写出水解反应的离子方程式。

（2）温度、溶液酸度对水解平衡的影响

① 在试管中加入 1.0mol/L NaAc 溶液 2mL 和 1 滴酚酞溶液，加热观察溶液颜色的变化，解释实验现象。

② 在常温和加热的情况下分别试验 0.5mol/L $Fe(NO_3)_3$ 的水解情况。

③ 在试管中加入 0.1mol/L $BiCl_3$ 溶液 1 滴，加水稀释有何现象？再逐滴加入 2mol/L HCl 溶液，观察现象。当沉淀刚刚消失后，再加水稀释又有何现象？写出水解的离子反应式，解释实验现象。

3. 缓冲溶液

（1）缓冲溶液的配制及其 pH 值的测定　按表 2-3 配制 3 种缓冲溶液，并用 pH 计分别测定其 pH 值。记录测定结果，并进行计算，将计算值与测定结果相比较。

（2）试验缓冲溶液的缓冲作用　取上面配制的已测定 pH 值的第 1 号缓冲溶液按表 2-4 试验，用 pH 计测定其 pH 值，记录测定结果于表中，并与计算值进行比较。

表 2-3 缓冲溶液的配制

编号	缓冲溶液	pH 计算值	pH 测定值
1	10.0mL 1mol/L HAc-10.0mL 1mol/L NaAc		
2	10.0mL 0.1mol/L HAc-10.0mL 1mol/L NaAc		
3	10.0mL 1mol/L $NH_3 \cdot H_2O$-10.0mL 1mol/L NH_4Cl		

表 2-4 缓冲溶液性质的检验

编号	缓冲溶液	pH 计算值	pH 测定值
1	10.0mL 1mol/L HAc-10.0mL 1mol/L NaAc		
2	10.0mL 1mol/L HAc-10.0mL 1mol/L NaAc，加入 0.10mol/L HCl 溶液 0.5mL（约 10 滴）		
3	10.0mL 1mol/L HAc-10.0mL 1mol/L NaAc，加入 0.10mol/L HCl 溶液 0.5mL（约 10 滴），再加入 0.10mol/L NaOH 溶液 1.0mL（约 20 滴）		

根据以上实验结果，总结缓冲溶液的性质。

五、思考题

1. 缓冲溶液的 pH 值有哪些影响因素？
2. 影响盐类水解的因素有哪些？
3. 使用 pH 试纸测溶液的 pH 值时，怎样才是正确的操作方法？

实验三　铜、银、锌、镉、汞

一、实验目的

1. 掌握铜、银、锌、镉、汞氧化物和氢氧化物的性质。

2. 掌握铜（Ⅰ）与铜（Ⅱ）之间、汞（Ⅰ）与汞（Ⅱ）之间的转化反应及条件。

3. 了解铜、银、锌、镉、汞硫化物的生成与溶解。

4. 掌握铜、银、汞卤化物的溶解性。

5. 掌握铜、银、锌、镉、汞配合物的生成与性质。

6. 学习Cu^{2+}、Ag^{+}、Zn^{2+}、Cd^{2+}、Hg^{2+}的鉴定方法。

二、实验原理

铜和银是元素周期表第ⅠB族元素，价层电子构型分别为3d104s1和4d105s1。铜的重要氧化值为+1和+2，银主要形成氧化值为+1的化合物。

锌、镉、汞是周期表第ⅡB族元素，价层电子构型（n−1）d10ns2，它们都形成氧化值为+2的化合物，汞还能形成氧化值为+1的化合物。

$Zn(OH)_2$是两性氢氧化物。$Cu(OH)_2$两性偏碱，能溶于较浓的NaOH溶液。$Cu(OH)_2$的热稳定性差，受热分解为CuO和H_2O。$Cd(OH)_2$是碱性氢氧化物。AgOH、$Hg(OH)_2$、$Hg_2(OH)_2$都很不稳定，极易脱水变成相应的氧化物，而Hg_2O也不稳定，易歧化为HgO和Hg。

某些Cu（Ⅱ）、Ag（Ⅰ）、Hg（Ⅱ）的化合物具有一定的氧化性。例如，Cu^{2+}能与I^-反应生成CuI和I_2；$[Cu(OH)_4]^{2-}$和$[Ag(NH_3)_2]^+$都能被醛类或某些糖类还原，分别生成Ag和Cu_2O；$HgCl_2$与$SnCl_2$反应用于Hg^{2+}或Sn^{2+}的鉴定。

水溶液中的Cu^+不稳定，易歧化为Cu^{2+}和Cu。CuCl和CuI等Cu（Ⅰ）的卤化物难溶于水，通过加合反应可分别生成相应的配离子$[CuCl_2]^-$和$[CuI_2]^-$等，它们在水溶液中较稳定。$CuCl_2$溶液与铜屑及浓HCl混合后加热可制得$[CuCl_2]^-$，加水稀释时会析出CuCl沉淀。

Cu^{2+}与$K_4[Fe(CN)_6]$在中性或弱酸性溶液中反应，生成红棕色的$Cu_2[Fe(CN)_6]$沉淀，此反应用于鉴定Cu^{2+}。

Ag^+与稀HCl反应生成AgCl沉淀，AgCl溶于$NH_3 \cdot H_2O$溶液生成$[Ag(NH_3)_2]^+$，再加入稀HNO_3有AgCl沉淀生成，或加入KI溶液，生成AgI沉淀。利用这一系列反应可以鉴定Ag^+。

当加入相应的试剂时，还可以实现下列依次的转化：

$$[Ag(NH_3)_2]^+ \longrightarrow AgBr(s) \longrightarrow [Ag(S_2O_3)_2]^{3-} \longrightarrow AgI(s) \longrightarrow [Ag(CN)_2]^- \longrightarrow Ag_2S(s)$$

$AgCl$、$AgBr$、AgI 等也能通过加合反应分别生成 $[AgCl_2]^-$、$[AgBr_2]^-$、$[AgI_2]^-$ 等配离子。

Cu^{2+}、Ag^+、Zn^{2+}、Cd^{2+}、Hg^{2+} 与饱和 H_2S 溶液反应都能生成相应的硫化物，ZnS 能溶于稀 HCl。CdS 不溶于稀 HCl，但溶于浓 HCl。利用黄色 CdS 的生成反应可以鉴定 Cd^{2+}。CuS 和 Ag_2S 溶于浓 HNO_3。HgS 溶于王水。

Cu^{2+}、Cu^+、Ag^+、Zn^{2+}、Cd^{2+}、Hg^{2+} 都能形成氨合物。$[Cu(NH_3)_2]^+$ 是无色的，易被空气中的 O_2 氧化为深蓝色的 $[Cu(NH_3)_4]^{2+}$。Cu^{2+}、Ag^+、Zn^{2+}、Cd^{2+}、Hg^{2+} 与适量氨水反应生成氢氧化物、氧化物或碱式盐沉淀，而后溶于过量的氨水（有的需要有 NH_4Cl 存在）。

Hg_2^{2+} 在水溶液中较稳定，不易歧化为 Hg_2^+ 和 Hg。但 Hg_2^{2+} 与氨水、饱和 H_2S 或 KI 溶液反应生成的 Hg（Ⅰ）化合物都能被歧化为 Hg（Ⅱ）的化合物和 Hg。例如：Hg_2^{2+} 与 I^- 反应先生成 Hg_2I_2，当 I^- 过量时则生成 $[HgI_4]^{2-}$ 和 Hg。

在碱性条件下，Zn^{2+} 与二苯硫腙反应生成粉红色的螯合物，此反应用于鉴定 Zn^{2+}。

三、仪器及药品

1. 仪器

点滴板、水浴锅、$Pb(Ac)_2$ 试纸。

2. 药品

酸：HNO_3（2.0mol/L，浓）、HCl（2.0mol/L，6.0mol/L，浓）、HAc（2.0mol/L）、H_2SO_4（2.0mol/L），H_2S（饱和）。

碱：NaOH(2.0mol/L，6.0mol/L，40%)、$NH_3 \cdot H_2O$(2.0mol/L，6.0mol/L)。

盐：KSCN（0.1mol/L，饱和）、$Fe(NO_3)_3$（0.1mol/L）、KI（0.1mol/L，2mol/L）、$Cu(NO_3)_2$（0.1mol/L）、$Co(NO_3)_2$（0.1mol/L）、$Ni(NO_3)_2$（0.1mol/L）、$AgNO_3$（0.1mol/L）、$Hg_2(NO_3)_2$（0.1mol/L）、$Ba(NO_3)_2$（0.1mol/L）、$BaCl_2$（0.1mol/L）、$Hg(NO_3)_2$（0.1mol/L）、$CuCl_2$（1mol/L）、$Na_2S_2O_3$（0.1mol/L）、$K_4[Fe(CN)_6]$（0.1mol/L）、$Zn(NO_3)_2$（0.1mol/L）、$SnCl_2$（0.1mol/L）、$HgCl_2$（0.1mol/L）、$CuSO_4$（0.1mol/L）、NH_4Cl（1mol/L）、$Cd(NO_3)_2$（0.1mol/L）、NaCl（0.1mol/L）、KBr（0.1mol/L）。

固体：铜屑。

其他：10%葡萄糖、淀粉溶液、二苯硫腙的 CCl_4 溶液。

四、实验步骤

1. 铜、银、锌、镉、汞的氢氧化物或氧化物的生成和性质

在 5 支试管中分别加几滴 0.1mol/L 的 $CuSO_4$ 溶液、$AgNO_3$ 溶液、$ZnSO_4$ 溶液、$CdSO_4$ 溶液及 $Hg(NO_3)_2$ 溶液，然后滴加 2.0mol/L NaOH 溶液，观察

现象。将每个试管中的沉淀分为两份，分别检验其酸碱性。写出有关的反应方程式。

2. Cu（Ⅰ）化合物的生成和性质

① 取几滴0.1mol/L $CuSO_4$ 溶液，滴加6.0mol/L NaOH溶液至过量，再加入10%葡萄糖溶液，摇匀，加热至沸，观察现象。离心分离，弃去清液，将沉淀洗涤后分为两份，一份加入2.0mol/L H_2SO_4 溶液，另一份加入6.0mol/L $NH_3 \cdot H_2O$ 溶液，静置片刻，观察现象。写出有关的反应方程式。

② 取1.0mol/L $CuCl_2$ 溶液1mL，加1mL浓HCl和少量铜屑，加热至溶液呈泥黄色，将溶液倒入另一支盛有去离子水的试管中（将铜屑水洗后回收），观察现象。离心分离，将沉淀洗涤后分为两份，一份加入浓HCl，另一份加入2mol/L $NH_3 \cdot H_2O$ 溶液，观察现象。写出有关的反应方程式。

③ 取几滴0.1mol/L $CuSO_4$ 溶液，滴加0.1mol/L KI溶液，观察现象。离心分离，在清液中加1滴淀粉溶液，观察现象。将沉淀洗涤两次后，滴加2mol/L KI溶液，观察现象，再将溶液加水稀释，观察有何变化。写出有关的反应方程式。

3. Cu^+ 的鉴定

在点滴板上加1滴0.1mol/L $CuSO_4$ 溶液，再加1滴2mol/L HAc溶液和1滴0.1mol/L $K_4[Fe(CN)_6]$ 溶液，观察现象。写出反应方程式。

4. Ag(Ⅰ)系列实验

取几滴0.1mol/L $AgNO_3$ 溶液，选用适当的试剂从 Ag^+ 开始，依次经AgCl(s)、$[Ag(NH_3)_2]^+$、AgBr(s)、$[Ag(S_2O_3)_2]^{3-}$、AgI(s)、$[AgI_2]^-$ 最后到 Ag_2S 的转化。观察现象，写出有关的反应方程式。

5. 银镜反应

在一支干净的试管中加入0.1mol/L $AgNO_3$ 溶液1mL，滴加2.0mol/L $NH_3 \cdot H_2O$ 溶液至生成的沉淀刚好溶解，加10%葡萄糖溶液2mL，放在水浴中加热片刻，观察现象。然后倒掉溶液，加2.0mol/L HNO_3 溶液使银溶解后回收。写出有关的反应方程式。

6. 铜、银、锌、镉、汞硫化物的生成和性质

在6支试管中分别加入1滴0.1mol/L的 $CuSO_4$ 溶液、$AgNO_3$ 溶液、$Zn(NO_3)_2$ 溶液、$Cd(NO_3)_2$ 溶液、$Hg(NO_3)_2$ 溶液和 $Hg_2(NO_3)_2$ 溶液，再各滴加饱和 H_2S 溶液，观察现象。离心分离，试验CuS和 Ag_2S 在浓 HNO_3 中，ZnS在稀HCl中，CdS在6mol/L HCl溶液中，HgS在王水中的溶解性。

7. 铜、银、锌、镉、汞氨合物的生成

在6支试管中分别加几滴0.1mol/L $CuSO_4$ 溶液、$AgNO_3$ 溶液、$Zn(NO_3)_2$ 溶液、$Cd(NO_3)_2$ 溶液、$Hg(NO_3)_2$ 溶液和 $Hg_2(NO_3)_2$ 溶液，然后逐滴加入6mol/L $NH_3 \cdot H_2O$ 溶液至过量（如果沉淀不溶解，再加1mol/L NH_4Cl 溶液），观察现象。写出有关的反应方程式。

8. 汞盐与 KI 的反应

① 取 2 滴 0.1mol/L $Hg(NO_3)_2$ 溶液，逐滴加入 0.1mol/L KI 溶液至过量，观察现象。然后加几滴 6.0mol/L NaOH 溶液和 1 滴 1.0mol/L NH_4Cl 溶液，观察有何现象。写出有关的反应方程式。

② 取 1 滴 0.1mol/L $Hg_2(NO_3)_2$ 溶液，逐滴加入 0.1mol/L KI 溶液，观察现象。写出有关的反应方程式。

9. Zn^{2+} 的鉴定

取 0.1mol/L $Zn(NO_3)_2$ 溶液 2 滴，加几滴 6.0mol/L NaOH 溶液，再加 0.5mL 二苯硫腙的 CCl_4 溶液，摇荡试管，观察水溶液层和 CCl_4 层颜色的变化。写出反应方程式。

五、思考题

1. CuI 能溶于饱和 KSCN 溶液，生成的产物是什么？将溶液稀释后会生成什么沉淀？

2. Ag_2O 能否溶于 2mol/L $NH_3 \cdot H_2O$ 溶液？

3. 用 $K_4[Fe(CN)_6]$ 鉴定 Cu^{2+} 的反应在中性或酸性溶液中进行，若加入 $NH_3 \cdot H_2O$ 或 NaOH 溶液会发生什么反应？

4. AgCl、$PbCl_2$、Hg_2Cl_2 都不溶于水，如何将它们分离开？

实验四　容量仪器的检定

一、实验目的

1. 理解容量仪器校准的必要性。
2. 学会容量仪器校准的方法。

二、实验原理

容量仪器的实际容积并不一定与它所标示的值完全一致，就是说，刻度不一定十分准确。因此在实验工作前，尤其对于准确度要求较高的工作，必须予以校正。容器仪器校准通常以 20℃为标准，一律校正到 20℃的体积。移液管、滴定管和容量瓶的实际容积通常采用称量校准法。原理为称取量器中所放出或所容纳水的质量，并根据该温度下水的密度，计算出该量器在 20℃（玻璃容器的标准温度）时的容积。

测量液体体积的基本单位是升（L）。1L 是指在真空中，1kg 水在最大密度（3.98℃）时所占的体积。换句话说，就是在 3.98℃的真空中称量所得水的克数，在数值上就等于它的体积毫升数。但是，在实际工作中，容器中水的质量是在室温下和空气中称量的，因此受到空气浮力、水的密度随温度变化、玻璃的膨胀系数三个方面的影响。综合以上影响因素得到一个综合换算系数 $K(t)$，用以下公式计算某一温度（t）下一定质量（m）的纯水在 20℃时的实际容积（V_{20}）。

$$V_{20}=K(t)\times m$$

重复校准一次，两次相应的校准值之差应小于 0.02mL，求出平均值。

常用玻璃仪器衡量法 $K(t)$ 值见表 2-5。

表 2-5　常用玻璃仪器衡量法 $K(t)$ 值表

（钠钙玻璃体膨胀系数为 25×10^{-6}℃$^{-1}$，空气密度为 0.0012g/cm^3）

水温 t/℃	0.0	0.1	0.2	0.3	0.4	0.5	0.6	0.7	0.8	0.9
15	1.00208	1.00209	1.00210	1.00211	1.00213	1.00214	1.00215	1.00217	1.00218	1.00219
16	1.00221	1.00222	1.00223	1.00225	1.00226	1.00228	1.00229	1.00230	1.00232	1.00233
17	1.00235	1.00236	1.00238	1.00239	1.00241	1.00242	1.00244	1.00246	1.00247	1.00249
18	1.00251	1.00252	1.00254	1.00255	1.00257	1.00258	1.00260	1.00262	1.00263	1.00265
19	1.00267	1.00268	1.00270	1.00272	1.00274	1.00276	1.00277	1.00279	1.00281	1.00283
20	1.00285	1.00287	1.00289	1.00291	1.00292	1.00294	1.00296	1.00298	1.00300	1.00302
21	1.00304	1.00306	1.00308	1.00310	1.00312	1.00314	1.00315	1.00317	1.00319	1.00321
22	1.00323	1.00325	1.00327	1.00329	1.00331	1.00333	1.00335	1.00337	1.00339	1.00341
23	1.00344	1.00346	1.00348	1.00350	1.00352	1.00354	1.00356	1.00359	1.00361	1.00363
24	1.00366	1.00368	1.00370	1.00372	1.00374	1.00376	1.00379	1.00381	1.00383	1.00386
25	1.00389	1.00391	1.00393	1.00395	1.00397	1.00400	1.00402	1.00404	1.00407	1.00409

以 18℃校准 50mL 滴定管为例。国家计量局规定，常量滴定管分五段进行校正，实验数据列于表 2-6。

表 2-6　50mL 滴定管的校正表

滴定管读取容积/mL	瓶和水的质量/g	空瓶的质量/g	水的质量/g	真实容积/mL	校正值/mL
0.00～10.00	44.74	34.80	9.94	9.97	−0.03
0.00～20.00	64.64	44.74	19.90	19.95	−0.05
0.00～30.00	94.49	64.64	29.85	29.92	−0.08
0.00～40.00	74.77	34.90	39.87	39.97	−0.04
0.00～50.00	84.73	34.88	49.85	49.98	−0.03

三、仪器与药品

1. 仪器

酸式滴定管（50mL）、移液管（25mL）、容量瓶（250mL）、碘量瓶。

2. 药品

蒸馏水。

四、实验步骤

1. 滴定管的校正

将蒸馏水装入已洗净的滴定管中，调节水的凹液面至零刻度处，然后以每分钟不超过 10mL 的速度，放出 10mL 的水到已称重的小碘量瓶中，盖塞再称量，两次质量之差即为水的质量。然后从表 2-5 查得该实验温度时的综合换算系数 $K(t)$，乘以水的质量，即可得真实体积。同理，可测 0.00～20.00mL、0.00～30.00mL、0.00～40.00mL、0.00～50.00mL 各部分的实际容积和校正值。

2. 移液管的校正

将移液管洗净，吸取蒸馏水至标线以上，调节水的凹液面至标线，按前述的使用方法将水放入已称重的小碘量瓶中，盖塞称量，两次质量之差为量出水的质量。从表 2-5 查得该实验温度时综合换算系数 $K(t)$，乘以水的质量，即可得移液管的真实体积。

3. 容量瓶的校正

将洗净的容量瓶倒置空干，并使之自然干燥，称空瓶重。注入蒸馏水至标线，注意瓶颈内壁标线以上不能挂有水滴，再称量，两次质量之差即为瓶中水的质量。从表 2-5 查得该实验温度时的综合换算系数 $K(t)$，乘以水的质量，即得该容量瓶的真实体积。

五、思考题

1. 影响容量仪器校正的主要因素有哪些？

2. 校正容量仪器为什么要求使用蒸馏水而不用自来水？为什么要测水温？

实验五 HCl 标准溶液的配制与标定

一、实验目的

1. 学会标准溶液的配制方法。

2. 掌握用碳酸钠作基准物质标定盐酸溶液的原理及方法。

3. 正确判断甲基红-溴甲酚绿混合指示剂滴定终点。

二、实验原理

市售盐酸为无色透明的氯化氢水溶液，HCl 的质量分数为 36%～38%，摩尔浓度约为 12mol/L，密度约为 1.18g/mL。浓盐酸易挥发，不能直接配制准确浓度的标准溶液。因此配制 HCl 标准溶液通常用间接法，先配制成近似浓度，再由基准物标定，确定准确浓度。标定盐酸的基准物质很多，本实验采用无水碳酸钠为基准物，用甲基红-溴甲酚绿混合指示剂指示终点，终点颜色是由绿色转变为暗紫色。

用 Na_2CO_3 标定时滴定反应为：

$$Na_2CO_3 + 2HCl \longrightarrow 2NaCl + H_2O + CO_2\uparrow$$

终点产物为 H_2CO_3 溶液，化学计量点的 pH 值为 3.89，可选甲基红-溴甲酚绿混合指示剂指示终点，终点颜色是由绿色转变为暗紫色。根据 Na_2CO_3 的质量和消耗的 HCl 的体积，可计算出 HCl 标准溶液的浓度。

$$c(\mathrm{HCl}) = \frac{2m(\mathrm{Na_2CO_3}) \times 1000}{V(\mathrm{HCl}) \times 105.99}$$

三、仪器与药品

1. 仪器

酸式滴定管、锥形瓶、量筒（25mL，100mL）、电子天平、称量瓶。

2. 药品

浓盐酸、无水碳酸钠。

甲基红-溴甲酚绿指示剂：0.2%甲基红乙醇溶液与 0.1%溴甲酚绿乙醇溶液（1∶3）混合即得。

四、实验步骤

1. HCl 标准溶液（0.1mol/L）的配制

用小量筒取盐酸 4.2mL，倒入一洁净的试剂瓶中，加蒸馏水稀释至 500mL，振摇混匀。

2. HCl 标准溶液（0.1mol/L）的标定

用减量法准确称取干燥过的基准物无水碳酸钠 3 份，每份 0.1～0.2g，分别置于锥形瓶中，加蒸馏水 50mL，使其完全溶解后，加甲基红-溴甲酚绿指示剂 5

滴，用待标定的 HCl 溶液滴定至溶液由绿色转变为暗紫色，停止滴定，记下滴定管读数。平行滴定三次。

五、数据记录与计算

记录项目	1	2	3
m(倾样前)/g			
m(倾样后)/g			
$m(Na_2CO_3)$/g			
滴定管初读数/mL	0.00	0.00	0.00
滴定管终读数/mL			
滴定消耗 EDTA 体积/mL			
$c(Na_2CO_3)$/(mol/L)			
$\bar{c}(Na_2CO_3)$/(mol/L)			
相对极差/%			

六、思考题

1. 配制 HCl 溶液 0.1mol/L、500mL，需取浓盐酸 4.2mL 是怎样计算来的？

2. 实验中所用锥形瓶是否需要烘干？加入蒸馏水的量是否需要准确？

3. 用碳酸钠为基准物质标定 HCl 溶液的浓度，一般应消耗 HCl 液（0.1mol/L）约 22mL，问应称取碳酸钠若干克？

附：实验报告示例

原始记录

记录项目	1	2	3	4
m(倾样前)/g	15.6025	14.1011	12.6001	11.1001
m(倾样后)/g	14.1011	12.6001	11.1001	9.5992
m(氧化锌)/g	1.5014	1.5010	1.5000	1.5009
移取试液体积/mL	25.00	25.00	25.00	25.00
滴定管初读数/mL	0.00	0.00	0.00	0.00
滴定管终读数/mL	36.25	36.20	36.16	36.18
滴定消耗 EDTA 体积/mL	36.25	36.20	36.16	36.18
c/(mol/L)	0.050930	0.050987	0.051010	0.051012
$\bar{c}$/(mol/L)	0.050985			
相对极差/%	0.16			

实验六 EDTA 标准溶液的配制与标定

一、实验目的

1. 掌握 EDTA 标准溶液配制和标定的方法。

2. 掌握配合滴定原理，了解配合滴定的特点。

3. 熟悉铬黑 T 指示剂的使用。

二、实验原理

乙二胺四乙酸（常用 H_4Y 表示）常温下难溶于水（溶解度为 0.2g/L），故常用它的二钠盐（$Na_2H_2Y \cdot 2H_2O$，简称 EDTA，溶解度为 120g/L）配制标准溶液。EDTA 是白色结晶粉末，能与大多数金属离子形成 1∶1 的稳定配合物，其标准溶液一般用间接法配制。先配制成近似浓度的溶液，然后以基准物来标定其浓度。标定 EDTA 溶液常用的基准物有 Zn、ZnO、Ca_2CO_3、$MgSO_4 \cdot 7H_2O$ 等。滴定是在 pH≈10 的条件下进行的，铬黑 T 为指示剂，终点由紫红色变为纯蓝色。

滴定过程中的反应为：

$$Zn^{2+} + HIn^{2-} = ZnIn^{-} + H^{+}$$

$$Zn^{2+} + H_2Y^{2-} = ZnY^{2-} + 2H^{+}$$

终点时：

$$\underset{\text{紫红色}}{ZnIn^{-}} + H_2Y^{2-} = ZnY^{2-} + \underset{\text{纯蓝色}}{HIn^{2-}} + H^{+}$$

由消耗的 EDTA 体积和 ZnO 质量计算 EDTA 浓度，公式如下：

$$c(\text{EDTA}) = \frac{m(\text{ZnO}) \times 1000}{V(\text{EDTA}) \times M(\text{ZnO})}$$

三、仪器及药品

1. 仪器

酸式滴定管、容量瓶（250mL）、移液管（25mL）、锥形瓶、量筒（25mL，100mL）、电子天平。

2. 药品

ZnO、EDTA、盐酸（20%）、NH_3-NH_4Cl 缓冲溶液、氨水（10%）、铬黑 T（5g/L）。

四、实验步骤

1. EDTA 标准溶液（0.05mol/L）的配制

用台秤称取 EDTA 约 9.5g，加蒸馏水 500mL 使其溶解，摇匀，贮存于洁净具有玻塞的试剂瓶中。

2. Zn^{2+}标准溶液的配制

减量法准确称取1.5g干燥过的基准试剂ZnO（不得用去皮的方法），置于100mL小烧杯中，盖以表面皿，用少量水润湿，加入20mL盐酸（20%）溶解后，用蒸馏水把可能溅到表面皿上的液滴淋洗入烧杯内，然后转移至250mL容量瓶中，定容，摇匀。

3. EDTA标准溶液（0.05mol/L）的标定

移取25.00mL Zn^{2+}标准溶液于250mL的锥形瓶中，加75mL水，用氨水（10%）调溶液pH值至7～8，加10mL NH_3-NH_4Cl缓冲溶液（pH≈10）及5滴铬黑T（5g/L），用待标定的EDTA溶液滴定至溶液由紫色变为纯蓝色，停止滴定，记下滴定管读数，平行滴定三次。

五、数据记录与计算

记录项目	1	2	3
m(倾样前)/g			
m(倾样后)/g			
m(氧化锌)/g			
移取试液中m(氧化锌)/g			
滴定管初读数/mL	0.00	0.00	0.00
滴定管终读数/mL			
滴定消耗EDTA体积/mL			
c(EDTA)/(mol/L)			
$\overline{c}$(EDTA)/(mol/L)			
相对极差/%			

六、注意事项

1. EDTA在水中溶解较慢，可加热使溶解或放置过夜。

2. 贮存EDTA溶液应选用硬质玻璃瓶，如用聚乙烯瓶贮存更好，避免与橡皮塞、橡皮管的接触。

七、思考题

为什么在滴定时要加$NH_3 \cdot H_2O$-NH_4Cl缓冲液？

实验七 $Na_2S_2O_3$ 标准溶液的配制与标定

一、实验目的

1. 掌握 $Na_2S_2O_3$ 标准溶液的配制方法和注意事项。

2. 学习使用碘瓶和正确判断淀粉指示液指示终点。

3. 了解置换碘量法的过程、原理，并掌握用基准物 $K_2Cr_2O_7$ 标定 $Na_2S_2O_3$ 溶液浓度的方法。

二、实验原理

硫代硫酸钠标准溶液常用于碘量法，通常用 $Na_2S_2O_3 \cdot 5H_2O$ 配制，由于 $Na_2S_2O_3$ 遇酸即迅速分解产生 S，配制时若水中含 CO_2 较多，则 pH 值偏低，容易使配制的 $Na_2S_2O_3$ 变浑浊。另外水中若有微生物也能够慢慢分解 $Na_2S_2O_3$。因此，配制 $Na_2S_2O_3$ 通常用新煮沸放冷的蒸馏水，并先在水中加入少量 Na_2CO_3，然后再把 $Na_2S_2O_3$ 溶于其中。

标定 $Na_2S_2O_3$ 溶液可用 $KBrO_3$、KIO_3、$K_2Cr_2O_7$、$KMnO_4$ 等氧化剂，以 $K_2Cr_2O_7$ 用得最多，标定时采用置换滴定法。准确称取一定量的 $K_2Cr_2O_7$ 基准试剂，配成溶液，加入过量 KI，在酸性条件下定量完成下列反应：

$$Cr_2O_7^{2-} + 14H^+ + 6I^- \longrightarrow 3I_2 + 2Cr^{3+} + 7H_2O \qquad (1)$$

在酸度较低时此反应完成较慢，若酸度太强又有 KI 被空气氧化生成 I_2 的危险，因此必须注意酸度的控制并避光放置 10min，此反应才能定量完成。

反应生成的 I_2，以淀粉溶液作指示剂，用欲标定的 $Na_2S_2O_3$ 溶液滴定：

$$2S_2O_3^{2-} + I_2 \longrightarrow S_4O_6^{2-} + 2I^- \quad (2)$$

淀粉溶液在有 I^- 存在时能与 I_2 分子形成蓝色可溶性吸附化合物，使溶液呈蓝色。达到终点时，溶液中的 I_2 全部与 $Na_2S_2O_3$ 作用，则蓝色消失。但开始 I_2 太多，被淀粉吸附得过牢，就不易被完全夺出，并且也难以观察终点，因此必须在滴定至近终点时方可加入淀粉溶液。

$Na_2S_2O_3$ 与 I_2 的反应只能在中性或弱酸性溶液中进行，因为在碱性溶液中会发生下面的副反应：

$$S_2O_3^{2-} + 4I_2 + 10OH^- \longrightarrow 2SO_4^{2-} + 8I^- + 5H_2O$$

而在酸性溶液中 $Na_2S_2O_3$ 又易分解：

$$S_2O_3^{2-} + 2H^+ \longrightarrow S\downarrow + SO_2\uparrow + H_2O$$

所以进行滴定以前溶液应加以稀释，一为降低酸度，二为使终点时溶液中的 Cr^{3+} 不致颜色太深，影响终点观察。另外 KI 浓度不可过大，否则 I_2 与淀粉所显颜色偏红紫，也不利于观察终点。

由反应式（1）、式（2）可知 $K_2Cr_2O_7$ 与 $Na_2S_2O_3$ 反应的物质的量比为

1∶6，即

$$Cr_2O_7^{2-}—3I_2—6S_2O_3^{2-}$$

因此根据滴定的 $Na_2S_2O_3$ 溶液的体积和所取 $K_2Cr_2O_7$ 的质量，即可算出 $Na_2S_2O_3$ 溶液的准确浓度，计算公式如下：

$$c(Na_2S_2O_3)=\frac{6m(K_2Cr_2O_7)}{V(Na_2S_2O_3)\times 294.18}\times\frac{25.00}{250.0}$$

三、仪器与药品

1. 仪器

棕色碱式滴定管、锥形瓶、容量瓶（250mL）、移液管（25mL）、烧杯（100mL，1000mL），量筒（10mL，100mL）、电子天平。

2. 药品

$K_2Cr_2O_7$ 固体、$Na_2S_2O_3\cdot 5H_2O$ 固体、KI 固体、HCl 溶液（2mol/L）、淀粉指示剂（10g/L）、Na_2CO_3 固体。

四、操作步骤

1. $Na_2S_2O_3$ 标准溶液（0.1mol/L）的配制

称取 $Na_2S_2O_3\cdot 5H_2O$ 固体 25g 于 1000mL 烧杯中，加入 300mL 新煮沸已冷却的蒸馏水，完全溶解后，加入 0.2g Na_2CO_3，用新煮沸放冷的蒸馏水稀释至 1000mL，保存在棕色试剂瓶中，于暗处放置 10 天再标定。

2. $K_2Cr_2O_7$ 标准溶液的配制

准确称取 0.6～0.7g $K_2Cr_2O_7$ 固体于 100mL 烧杯中，加入约 20mL 蒸馏水，溶解后转移至 250mL 容量瓶中，定容，摇匀。

3. $Na_2S_2O_3$ 溶液的标定

用移液管移取 25.00mL $K_2Cr_2O_7$ 溶液置于碘瓶中，加约 2g KI 固体，蒸馏水 15mL，4mol/L HCl 溶液 5mL，塞紧，摇匀，在暗处放置 10min。然后加蒸馏水 50mL 稀释，用 $Na_2S_2O_3$ 溶液快速滴定至呈浅黄绿色时，加淀粉指示液 2mL，继续用 $Na_2S_2O_3$ 溶液滴定至蓝色刚刚消失而显亮绿色时停止，记录滴定管读数。平行测定三次，相对偏差不能超过 0.2%。为防止反应产物 I_2 的挥发损失，平行试验的碘化钾试剂不要在同一时间加入，做一份加一份。

五、数据记录与计算

记录项目	1	2	3
m(倾样前)/g			
m(倾样后)/g			
$m(K_2Cr_2O_7)$/g			
移取试液中 $m(K_2Cr_2O_7)$/g			

续表

记录项目	1	2	3
滴定管初读数/mL	0.00	0.00	0.00
滴定管终读数/mL			
滴定消耗 $Na_2S_2O_3$ 体积/mL			
$c(Na_2S_2O_3)$/(mol/L)			
$\overline{c}(Na_2S_2O_3)$/(mol/L)			
相对极差/%			

六、注意事项

1. $K_2Cr_2O_7$ 与 KI 反应进行较慢，在稀溶液中尤其慢，故在加水稀释前，应放置 10min，使反应完全。

2. 滴定前，溶液要加水稀释。

3. 酸度影响滴定，应保持在 0.2～0.4mol/L 的范围内。

4. KI 要过量，但浓度不能超过 2%～4%，因为碘离子太浓，淀粉指示剂的颜色转变不灵敏。

5. 终点有回褪现象，如果不是很快变蓝，可认为是由于空气中氧的氧化作用造成，不影响结果；如果很快变蓝，说明 $K_2Cr_2O_7$ 与 KI 反应不完全。

6. 近终点，即溶液呈绿里带点棕色时，才可加指示剂。

7. 滴定开始时要掌握慢摇快滴，但近终点时，要慢滴，并用力振摇，防止吸附。

七、思考题

1. 配制 $Na_2S_2O_3$ 溶液时为什么要提前两周配制？为什么用新煮沸放冷的蒸馏水？为什么要加入 Na_2CO_3？

2. 标定 $Na_2S_2O_3$ 标准溶液时为什么要在一定酸度范围，酸度过高或过低有何影响？为什么滴定前要先放置 10min？为什么先加 50mL 水稀释后再滴定？

3. KI 为什么必须过量？其作用是什么？

实验八　硫酸铜含量的测定

一、实验目的

1. 掌握间接碘量法的原理和计算方法。

2. 巩固碘量法操作。

二、实验原理

间接碘量法是滴定由氧化还原反应生成的 I_2 或 I^-，以测定未知物含量的方法。测定溶液中铜盐含量是在酸性溶液中，利用过量的 KI 将铜离子还原成 CuI 沉淀，同时定量地置换出 I_2。

$$2Cu^{2+}+4I^- \longrightarrow 2CuI\downarrow+I_2$$

（乳白色）

生成的 I_2 与过量的碘离子形成络离子

$$I_2+I^- \longrightarrow I_3^-$$

实际反应为：

$$2Cu^{2+}+5I^- \longrightarrow 2CuI\downarrow+I_3^-$$

所以，碘离子在这里不仅是铜离子的还原剂，还是反应物 I_2 的配合剂。上述反应虽是一个可逆的反应，但在过量碘存在下，反应可以定量向右进行。

反应要求在弱酸性介质中进行，在碱性溶液中发生 I_2 的歧化反应：

$$I_2+2OH^- \longrightarrow I^-+IO^-+H_2O$$

$$3IO^- \longrightarrow 2I^-+IO_3^-$$

除此副反应外，在碱性溶液中铜离子的水解作用使铜离子和碘离子反应速度变慢。但若酸性过强也会发生空气氧化碘离子形成碘的反应：

$$4I^-+O_2+4H^+ \longrightarrow 2I_2+2H_2O$$

置换出来的 I_2，以淀粉为指示剂，用 $Na_2S_2O_3$ 标准溶液滴定，滴定反应为：

$$2S_2O_3^{2-}+I_2 \longrightarrow S_4O_6^{2-}+2I^-$$

此滴定反应要求在中性或弱酸性介质中进行，如果介质酸性过强，滴定剂发生分解反应：

$$S_2O_3^{2-}+2H^+ \longrightarrow SO_2\uparrow+S\downarrow+H_2O$$

如果介质呈碱性，滴定时发生下述副反应：

$$S_2O_3^{2-}+4I_2+10OH^- \longrightarrow 2SO_4^{2-}+8I^-+5H_2O$$

Cu^{2+} 与 I^- 作用生成的 CuI 沉淀强烈地吸附 I_2，故要求加入 KI 后，应立即滴定。在终点前附近，加入 KSCN 试剂把 CuI 转化为溶解度更小的 CuSCN 沉淀，释放出吸附的 I_2，使反应完全。但 KSCN 必须在临近终点时加入，否则可能将 Cu^{2+} 还原成 Cu^+。

综上所述，利用滴定碘量法测铜时，控制溶液 pH＝3.5～4 为宜，可采用 HAc-NaAc 或氟氢化铵（NH_4HF_2）缓冲溶液控制介质的 pH 值。

从上述讨论中可知，铜盐含量测定中有关反应化学计量的摩尔比为：

$$Na_2S_2O_3 : I_2 : Cu^{2+} = 2 : 1 : 2$$

因此消耗 $Na_2S_2O_3$ 的物质的量也就等于未知物中铜的物质的量，其计算公式如下：

$$CuSO_4 \cdot 5H_2O\% = \frac{c(Na_2S_2O_3) \times V(Na_2S_2O_3) \times M(CuSO_4 \cdot 5H_2O)}{m(\text{试样}) \times 1000} \times 100\%$$

三、仪器与药品

1. 仪器

酸式滴定管、锥形瓶、容量瓶（250mL）、移液管（25mL）、烧杯（100mL，1000mL）、量筒（10mL，100mL）、电子天平。

2. 药品

$CuSO_4 \cdot 5H_2O$ 固体、$Na_2S_2O_3 \cdot 5H_2O$（0.1mol/L）、KI 固体、HAc、淀粉指示剂（10g/L）。

四、实验步骤

1. 硫代硫酸钠溶液的标定

见实验七。

2. 电子天平准确称取 $CuSO_4 \cdot 5H_2O$ 约 0.5g，置于碘量瓶中，加蒸馏水 50mL，溶解后，加醋酸 4mL，碘化钾 2g，用 $Na_2S_2O_3$ 标准溶液滴定。近终点时，加淀粉指示液 2mL，继续滴定至蓝色消失，记录滴定管读数。平行测定三次。

五、数据记录与计算

记录项目	1	2	3
m(倾样前)/g			
m(倾样后)/g			
$m(CuSO_4 \cdot 5H_2O)$/g			
滴定管初读数/mL	0.00	0.00	0.00
滴定管终读数/mL			
滴定消耗 $Na_2S_2O_3$ 体积/mL			
$CuSO_4 \cdot 5H_2O$ 含量/%			
$CuSO_4 \cdot 5H_2O$ 平均含量/%			
相对极差/%			

六、注意事项

1. 铜离子与碘离子作用生成的 CuI 沉淀强烈地吸附 I_2，故要求加入 KI 后，应立即滴定；滴定时，要充分摇动锥形瓶中的溶液和沉淀，促使吸附在CuI沉淀上的I_2解吸下来，否则淀粉指示剂的蓝色会提前消失，而蓝色消失的溶液经摇动后，又出现蓝色，即所谓“回蓝”现象。

2. 碘量法要注意的两个重要误差来源，一是I_2的挥发，二是碘离子被空气氧化。实验中应采取适当的措施减少或排除这两种误差。

3. 溶液中溶解的氧对硫代硫酸钠有氧化作用：

$$2Na_2S_2O_3 + O_2 = 2Na_2SO_4 + 2S\downarrow$$

此反应速度较慢，少量铜离子等杂质会加速此反应。

七、思考题

1. 操作中为什么要加HAc?

2. I_2易挥发，在操作过程中应如何防止I_2挥发所带来的误差?

实验九　$KMnO_4$ 标准溶液的配制与标定

一、实验目的

1. 掌握 $KMnO_4$ 标准溶液的配制方法和保存方法。

2. 掌握 $Na_2C_2O_4$ 标定 $KMnO_4$ 标准溶液浓度的方法。

3. 练习使用自身指示剂。

二、实验原理

$KMnO_4$ 是一种强氧化剂，纯的 $KMnO_4$ 相当稳定，但市售 $KMnO_4$ 中含有少量 MnO_2 及硝酸盐、硫酸盐和氯化物等杂质。水及空气中的微量还原性物质，都会与 $KMnO_4$ 缓慢发生反应，引起配制的溶液中析出 MnO_2 或 $MnO(OH)_2$ 沉淀，这些四价锰的物质会进一步促使 $KMnO_4$ 溶液的分解。为了得到稳定的 $KMnO_4$ 溶液，需将溶液中析出的四价锰的沉淀物质用玻璃砂芯漏斗过滤掉，然后置于棕色试剂瓶中，避光保存。

标定 $KMnO_4$ 溶液的基准物有 $H_2C_2O_4 \cdot 2H_2O$、$Na_2C_2O_4$、As_2O_3、纯铁等，其中 $Na_2C_2O_4$ 最为常用，它易于提纯，性质稳定，在酸性介质中与 $KMnO_4$ 发生下列反应：

$$2MnO_4^- + 16H^+ + 5C_2O_4^{2-} = 2Mn^{2+} + 8H_2O + 10CO_2\uparrow$$

由于 $Na_2C_2O_4$ 和 $KMnO_4$ 反应较慢，故开始滴定时加入的 $KMnO_4$ 不能立即褪色，但一经反应生成 Mn^{2+} 后，由于 Mn^{2+} 对反应有催化作用，反应速度加快。滴定中加热滴定溶液以提高反应速度，滴定温度应控制在 75～85℃，不能低于 60℃。温度也不宜太高，否则草酸将分解。

MnO_4^- 为紫红色，Mn^{2+} 无色，当溶液中 MnO_4^- 浓度达到 2×10^{-6} mol/L 时，人眼即可观察到粉红色，故用 $KMnO_4$ 作滴定剂进行滴定时，通常不使用其他指示剂，利用粉红色的出现指示终点。

$$c(KMnO_4)=\frac{2m(Na_2C_2O_4)}{5V(KMnO_4)M(Na_2C_2O_4)}$$

三、仪器与药品

1. 仪器

台秤、电子天平、酸式滴定管、锥形瓶、烧杯、玻璃砂芯漏斗、量筒、棕色试剂瓶。

2. 药品

$KMnO_4$ 固体、$Na_2C_2O_4$ 固体、H_2SO_4（3mol/L）。

四、实验步骤

1. $KMnO_4$ 标准溶液（0.02mol/L）的配制

称取 $KMnO_4$ 3.2～3.9g 置于烧杯中，加入适量蒸馏水，盖上表面皿，加热至微沸并保持 15～20min，冷却后，稀释至 1000mL，混匀，置棕色玻璃瓶内，于暗处放置 7～10 天，然后用玻璃砂芯漏斗过滤掉杂质，保存于另一棕色玻璃瓶中。

2. $KMnO_4$ 标准溶液（0.02mol/L）的标定

准确称取于 105℃干燥至恒重的 $Na_2C_2O_4$ 基准物 0.15～0.2g（平行三份），置于锥形瓶中，加 25mL 蒸馏水与 10mL H_2SO_4（3mol/L），搅拌使其溶解。加热至 75～85℃，立即用待标定的 $KMnO_4$ 标准溶液滴定，先慢后快，至溶液显微粉红色并保持半分钟不褪色即为终点。停止滴定，记录数据（$KMnO_4$ 颜色较深，不易观察凹液面，读数时应以液面最高线为准）。注意当滴定结束时，溶液温度不低于 55℃。

五、数据记录与计算

记录项目	1	2	3
m(倾样前)/g			
m(倾样后)/g			
$m(Na_2C_2O_4)$/g			
滴定管初读数/mL	0.00	0.00	0.00
滴定管终读数/mL			
滴定消耗 $KMnO_4$ 体积/mL			
$c(KMnO_4)$/(mol/L)			
$\bar{c}(KMnO_4)$/(mol/L)			
相对极差/%			

六、注意事项

1. 滴定终了时，溶液温度不低于 55℃，否则因反应速度较慢会影响终点的观察与准确性。操作中加热可使反应加快，但不应加热至沸腾，更不能直火加热，否则可能引起部分 $H_2C_2O_4$ 分解。

$$H_2C_2O_4 = CO_2\uparrow + H_2O + CO\uparrow$$

2. 高锰酸钾溶液在保存时，受到热和光的辐射将发生分解。

$$4MnO_4^- + 2H_2O = 4MnO_2\downarrow + 3O_2\uparrow + 4OH^-$$

分解产物 MnO_2 会加速上面的分解反应。所以配好的溶液应放在棕色瓶中，置于冷暗处保存。

3. 高锰酸钾在酸性介质中是强氧化剂。滴定到达终点的粉红色溶液在空气中放置时，由于和空气中的还原性气体或灰尘作用能引起褪色现象。

七、思考题

1. 为什么用 H_2SO_4 使溶液呈酸性？用 HCl 或 HNO_3 可以吗？

2. 在配制 $KMnO_4$ 标准溶液时，应注意哪些问题？为什么？

3. 滴定到终点的粉红色溶液为何在空气中放置过久会褪色？

实验十　邻二氮菲分光光度法测定水中总铁含量

一、实验目的

1. 了解邻二氮菲测定 Fe^{2+} 的原理与方法。

2. 掌握 721 型分光光度计进行定量测定的方法。

3. 了解比色皿（吸收池）配对性的检验与校正方法。

二、实验原理

邻二氮菲（1,10-邻二氮杂菲）是有机配合剂之一。它与 Fe^{2+} 能形成红色配合物 $[Fe(C_{12}H_8N_2)_3]^{2+}$。生成的配合物最大吸收波长为 510nm，摩尔吸收系数达 1.1×10^4，反应灵敏，适用于微量测定。在 pH3～9 范围内，Fe^{2+} 与邻二氮菲反应能迅速完成，且显色稳定，在含铁 $(0.5\sim8)\times10^{-6}$ 范围内，浓度与吸光度符合朗伯-比尔定律。

被测溶液用 pH4.5～5 的缓冲液保持微酸性，并用盐酸羟胺还原其中的 Fe^{3+}，同时防止 Fe^{2+} 被空气氧化。

比色皿（或称吸收池）不配套，可影响吸收光度的测量值，应检验其透光度与厚度的一致性，必要时加以校正。

三、仪器与药品

1. 仪器

721 型分光光度计、容量瓶（50mL）。

2. 药品

$(NH_4)_2SO_4\cdot FeSO_4\cdot 6H_2O$ 固体、邻二氮菲溶液（1.5g/L，新配制）、盐酸羟胺溶液（100g/L，新配制）、HCl（1+1）、NaAc 溶液（1.0mol/L）。

四、实验步骤

1. 100mg/L 铁储备标准溶液的制备

准确称取分析纯 $(NH_4)_2SO_4\cdot FeSO_4\cdot 6H_2O$ 0.2159g，加入少量水和(1+1)HCl，溶解，转移至 250mL 容量瓶中，定容，摇匀。

2. 10mg/L 铁标准溶液的制备

移取 100mg/L 铁储备标准溶液 25.00mL 置于 250mL 容量瓶中，定容，摇匀。

3. 吸收曲线的绘制

移取 10mg/L 铁标准溶液 10.00mL 置于一 50mL 容量瓶中，另一个 50mL 容量瓶不加铁标准溶液，然后用吸量管各加入 1.0mL 盐酸羟胺，摇匀，等 2min，再加 2.0mL 邻二氮菲溶液和 5.0mL NaAc 溶液，定容，摇匀，显色。以试剂空白溶液为参比，用 2cm 比色皿，在 460～550nm 间，每隔 10nm 测定一次吸光度。以波长为横坐标，吸光度为纵坐标，绘制吸收曲线，从而确定铁的最大吸收波长。

4. 标准曲线绘制

取六个 50mL 容量瓶，分别用吸量管加入标准铁溶液 0.00、2.00mL、4.00mL、6.00mL、8.00mL、10.00mL，按上步显色方法在铁的最大吸收波长处，以试剂空白溶液为参比，用 2cm 比色皿测定各溶液的吸光度。以铁的质量浓度 ρ(Fe) 为横坐标，吸光度为纵坐标，绘制标准曲线，若线性好则用最小二乘法回归成直线方程式。

5. 水样测定

以井水、河水或自来水为样品，准确吸取澄清水样 25mL（或适量）置于 50mL 容量瓶中，按上述制备标准曲线的方法配制溶液并测定吸光度。最后按测得的吸光度求出水中含铁量。

五、数据记录与计算

1. 吸收曲线的测定

入射光波长 λ/nm	460	470	480	490	500	510	520	530	540	550
吸光度 A										

绘制吸收曲线。

2. 标准曲线的测定

编号	1	2	3	4	5	6	水样
铁标准溶液/mL							
100g/L 盐酸羟胺/mL							
1.0mol/L NaAc/mL							
1.5g/L 邻二氮菲/mL							
蒸馏水稀释至/mL							
铁的质量浓度 $\rho(Fe^{2+})$/(mg/L)							
吸光度 A							

绘制标准曲线。

3. 从标准曲线上，由水样的吸光度查得水样的铁含量。

$$原水样\ \rho(Fe)=\rho(Fe^{2+})\times 2$$

六、注意事项

必要时应在测定前先行核对比色皿的一致性。

1. 透光度一致性的核对与校正

将同样厚的四个比色皿分别编号标记，都装空白溶液，在所用波长

(510nm) 处测定各比色皿的透光率，结果应相同。若有显著差异，应将比色皿重新洗涤后再装空白溶液测试，经洗涤可使透光率差异减小时，可通过多次洗涤使透光率一致。若经几次洗涤，各比色皿的透光率差异基本无变化，可用下法校正，以透光率最大的比色皿为100%透光，测定其余各皿的透光率，分别换算成吸光度作为各比色皿的校正值。测定溶液时，以上述100%透光的比色皿作空白，用其他各皿装溶液，测得值以吸光度计算，减去所用比色皿的校正值，见表2-7。

表 2-7 溶液吸光度测量值的校正

比色皿标号	用空白溶液核校值		有色溶液测量值的校正		
	测得透光率	校正值（即吸光度）	测得值		校正后测得值
			T	A	
1	99%	0.0044	62.5%	0.2041	0.200
2	100%		100%	0.0	空　白
3	98%	0.0088	39.0%	0.4089	0.400
4	95%	0.0223	23.8%	0.6234	0.601

2. 厚度核对

核对比色皿的厚度，需先经过透光一致性的检验。核对厚度的方法是用同一个吸光溶液（吸光度在0.5～0.7间为宜）分别盛于各比色皿中，在同一条件下测定其吸光度，测得值应相同（若有透光校正值应扣除）。若各比色皿测得值间有超出允许误差的差值，则说明厚度有差别，测得值大的厚度大。若不能更换选配，必要时亦可用校正值，即以其中一个为标准，将其测得值与其他比色皿的测得值之比作为换算成同一厚度时用的因数。

七、思考题

1. 根据制备标准曲线测得的数据判断本次实验所得浓度与吸光度间的线性好不好？分析其原因。

2. 显色反应的操作中加入的各标准液与样品液有不同的含酸量，对显色有无影响？

实验十一　紫外分光光度法测定未知有机物含量

一、实验目的

1. 掌握紫外-可见光分光光度法定性、定量分析的原理。
2. 练习标准曲线的绘制及线性方程的拟合。
3. 学习 751G 型可见光-紫外分光光度计的使用方法。

二、实验原理

紫外-可见光谱是用紫外-可见光测获的物质电子光谱，它产生于价电子在电子能级间的跃迁，研究物质在紫外-可见光区的分子吸收光谱。当不同波长的单色光通过被分析的物质时能测得不同波长下的吸光度或透光率，以吸光度 A 为纵坐标，波长 λ 为横坐标作图，可获得物质的吸收光谱曲线。一般紫外光区为 190～400nm，可见光区为 400～800nm。

紫外吸收光谱的定性分析为化合物的定性分析提供了信息依据。尽管分子结构不同，但只要具有相同的生色团，它们的最大吸收波长值就相同。因此，通过对未知化合物的扫描光谱、最大吸收波长值与已知化合物的标准光谱图在相同溶剂和测量条件下进行比较，就可获得基础鉴定。

将两种标准储备液和未知液均配成浓度约为 10μg/mL 的待测溶液。以蒸馏水为参比，于波长 200～350nm 范围内测定三种溶液吸光度，并作吸收曲线。根据吸收曲线的形状确定未知物，并从曲线上确定最大吸收波长作为定量测定时的测量波长。

根据未知液吸收曲线上最大吸收波长处的吸光度，确定未知液的稀释倍数，并配制待测溶液。合理配制标准系列溶液［标准储备液先稀释 10 倍（100μg/mL)，然后再配制成所需浓度］，于最大吸收波长处分别测出其吸光度。然后以浓度为横坐标，以相应的吸光度为纵坐标绘制标准曲线，根据待测溶液的吸光度，从标准曲线上查出未知样品的浓度。

751G 分光光度计有氢（或氘灯）与钨灯两种光源，可用于紫外与可见光区；它具有色散力较高的单色器，狭缝可调，可得到较纯的单色光，是较精密的仪器。适用于定性鉴定，也可免除标准品对比，直接利用吸光系数进行定量。

751G 是单光束手工操作仪器，不能自动扫描吸收光谱。

三、仪器与药品

1. 仪器

紫外分光光度计（751G 型）、石英比色皿（1cm，2 个）、容量瓶（100mL、50mL 各 10 只）、吸量管（1mL、2mL、5mL、10mL 各 1 支）、移液管（20mL、25mL、50mL 各 1 支）。

2. 药品

Vc 标准溶液（0.1mg/mL）；苯甲酸标准溶液（0.1mg/mL）；未知液，浓度为 40～60μg/mL（其必为给出的两种标准物质中的一种）。

四、实验步骤

1. 吸收曲线的绘制。

取一支 50mL 比色管，移入 5mL Vc 标准溶液，以蒸馏水定容，摇匀。于波长 200～320nm 范围内测定吸光度，以吸光度（A）为纵坐标，波长（λ）为横坐标，绘制吸收曲线并确定最大吸收波长。

按上述方法分别绘制苯甲酸、未知液的吸收曲线。以吸收曲线的形状得出定性结论，确定未知物为何种物质。

2. 石英吸收池配套性检验。

石英吸收池装蒸馏水，于最大吸收波长处，以一个吸收池为参比（通常为吸光度较小的吸收池），测定并记录另一吸收池的吸光度，皿差小于 0.05 视为合格。

3. 标准曲线的绘制。

用吸量管分别移取 0、1mL、2mL、3mL、4mL、5mL 标准溶液于 6 支 50mL 比色管中，以水定容，制成一系列不同浓度的标准系列溶液，在最大吸收波长处，以蒸馏水为参比，测定标准系列溶液的吸光度。以吸光度（A）为纵坐标，浓度 ρ(μg/mL) 为横坐标，绘制标准曲线。

4. 未知样品的定量分析。

取一支 50mL 比色管，移入 5mL 未知样液，以蒸馏水定容，摇匀。在与上步相同条件下测定吸光度，样品平行测定三次，计算出未知样稀释液的浓度。根据未知样的稀释倍数，求出未知液中待测组分的含量。

五、数据记录与计算

（一）未知样的定性分析

1. Vc 标准溶液的吸收曲线测定

λ/nm	200	210	220	230	240	250	260	270	280	290	300	310	320
A													

绘制 Vc 标准溶液的吸收曲线。

2. 苯甲酸标准溶液吸收曲线测定

λ/nm	200	210	220	230	240	250	260	270	280	290	300	310	320
A													

绘制苯甲酸标准溶液的吸收曲线。

3. 未知液的吸收曲线测定

λ/nm	200	210	220	230	240	250	260	270	280	290	300	310	320
A													

未知液的吸收曲线绘制。

未知液的定性分析结论：

（二）未知样的定量分析

1. 吸收池的配套性检查

吸收池的校正值：$A_1=0.000$，$A_2=$______

2. 标准曲线的绘制

测定波长/nm：________　测定用标准溶液的浓度 ρ/(μg/mL)：________

溶液编号	移取标准溶液的体积/mL	ρ/(μg/mL)	$A_{测}$	$A_{校正}$
1	0	0		
2	1	2		
3	2	4		
4	3	6		
5	4	8		
6	5	10		

标准曲线绘制。

3. 未知样品中待测组分含量的测定

未知样品的稀释倍数：______

平行测定次数	1	2	3
$A_{测}$			
$A_{校正}$			
由标准曲线查得的浓度 ρ/(μg/mL)			
未知样品中待测组分的平均含量/(μg/mL)			

实验十二　气相色谱法测定混合醇

一、实验目的

1. 了解气相色谱仪的基本结构、性能和操作方法。

2. 掌握气相色谱法的基本原理和定性、定量方法。

二、实验原理

色谱法具有极强的分离效能。一个混合物样品定量引入合适的色谱系统后，样品在流动相携带下进入色谱柱，样品中各组分由于各自的性质不同，在柱内与固定相的作用力大小不同，导致在柱内的迁移速度不同，使混合物中的各组分先后离开色谱柱得到分离。分离后的组分进入检测器，检测器将物质的浓度或质量信号转换为电信号输给记录仪或显示器，得到色谱图。利用保留值可定性，利用峰高或峰面积可定量。

程序升温气相色谱法（PTGC）是色谱柱按预定程序连续地或分阶段地进行升温的气相色谱法。采用程序升温技术，可使各组分在最佳的柱温流出色谱柱，以改善复杂样品的分离效果，缩短分离时间。另外，程序升温中，各组分加速运动，当柱温接近各组分的保留温度（t_R）时，各组分以大致相同的速度流出色谱柱，因此各组分峰宽大致相同。

三、仪器与药品

1. 仪器

配有 FID 的气相色谱仪、微量注射器（1μL）。

2. 药品

甲醇、乙醇、正丙醇、异丁醇、正丁醇、异戊醇、环己醇均为分析纯，按大致 1∶1 的体积比混合制成样品。

四、实验内容

1. 操作条件

色谱柱：OV-101 弹性石英毛细管柱，25m×0.32mm。

柱温：初始 40℃，以 7℃/min 的速率升温至 160℃，保持 1min，然后以 15℃/min 的速率升温至 260℃，再保持 1min；气化室温度 200℃；进样量 0.5μL；载气（高纯 N_2）流速 25～35mL/min；氢气流速 40mL/min；空气流速 400mL/min；检测器 200℃。

2. 样品测定

开启气源（高压钢瓶或气体发生器），接通载气、燃气、助燃气。打开气相色谱仪主机电源，打开计算机电源开关、色谱工作站，联机，按上述色谱条件进行条件设置。温度升至一定数值后，点燃 FID，调节气体流量。待基线稳定后，用 1μL 微量注射器将混合醇的试样注入色谱仪，并启动升温程序，记录每一组分的保留温度。升温程序结束，待柱温降至初始温度方可进行下一轮操作。

五、实验数据记录与计算

组　分	甲醇	乙醇	正丙醇	异丁醇	正丁醇	异戊醇	环己醇
沸点 t_b/℃							
保留温度 t_R/℃							

六、思考题

1. 保留温度的含义是什么？它在 PTGC 中有何意义？
2. 为什么在 PTGC 中可采用峰高（h）做定量分析？

第三部分　物理化学实验

实验一　恒温槽的装配和性能测试

一、实验目的

1. 了解恒温槽的构造及恒温原理。

2. 绘制恒温槽灵敏度曲线。

3. 掌握水银接点温度计的基本测量原理和使用方法。

二、实验原理

物质的物理化学性质，如黏度、密度、蒸气压、表面张力、折光率等都随温度而改变，要测定这些性质必须在恒温条件下进行。一些物理化学常数如平衡常数、化学反应速率常数等也与温度有关，这些常数的测定也需恒温，因此，掌握恒温技术非常必要。

恒温控制可分为两类，一类是利用物质的相变点温度来获得恒温，但温度的选择受到很大限制；另外一类是利用电子调节系统进行温度控制，此方法控温范围宽，可以任意调节设定温度。

恒温槽是实验工作中常用的一种以液体为介质的恒温装置，根据温度控制范围，可用以下液体介质：－60～30℃用乙醇或乙醇水溶液；0～90℃用水；80～160℃用甘油或甘油水溶液；70～300℃用液体石蜡、汽缸润滑油、硅油。

恒温槽通常由下列构件组成（具体装置示意图见图 3-1）。

(1) 槽体　如果控制的温度同室温相差不是太大，用敞口大玻璃缸作为槽体是比较满意的。对于较高和较低温度，则应考虑保温问题。具有循环泵的超级恒温槽，有时仅作供给恒温液体之用，而实验则在另一工作槽中进行。

(2) 加热器及冷却器　如果要求恒温的温度高于室温，则须不断向槽中供给热量以补偿其向四周散失的热量；如恒温的温度低于室温，则须不断从恒温槽取走热量，以抵偿环境向槽中的传热。在前一种情况下，通常采用电加热器间歇加热来实现恒温控制。对电加热器的要求是热容量小、导热性好，功率适当。选择加热器的功率最好能使加热和停止的时间约各占一半。

(3) 温度调节器　温度调节器的作用是当恒温槽的温度被加热或冷却到指定值时发出信号，命令执行机构停止加热或冷却；离开指定温度时则发出信号，命令执行机构继续工作。

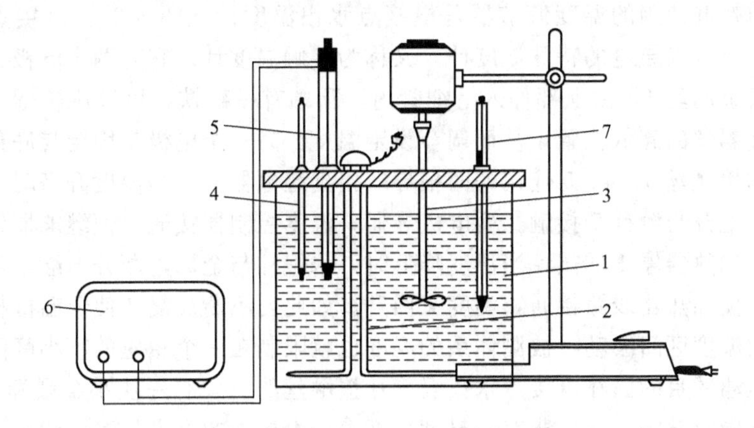

图 3-1 恒温槽的装置示意图

1—浴槽；2—加热器；3—搅拌器；4—温度计；
5—电接点温度计；6—继电器；7—贝克曼温度计

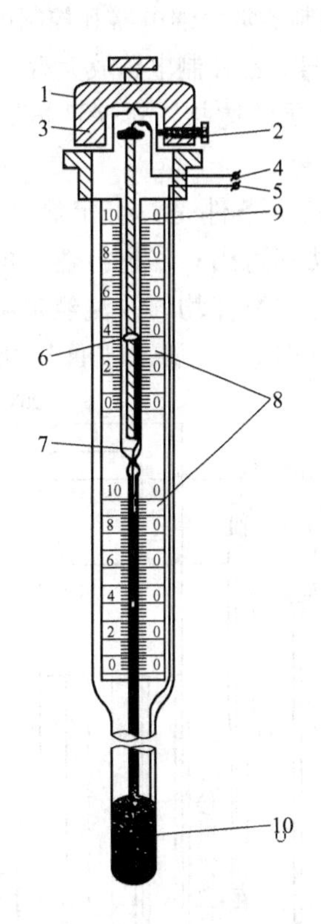

图 3-2 电接点水银温度计构造图

1—调节帽；2—调节帽固定螺丝；3—铁丝；4—可调电极金属丝；5—与水银球相连的接触丝；
6—标铁；7—触针；8—刻度盘；9—螺丝杆；10—水银槽

目前普遍使用的温度调节器是电接点水银温度计（图 3-2）。电接点水银温度计是一支可以导电的特殊温度计，又称为接触温度计。它有两个电极，一个是可调电极金属丝 4，由上部伸入毛细管内。顶端有一磁铁，可以旋转螺丝杆，用以调节金属丝的高低位置，从而调节设定温度。另一个电极是固定与底部的水银球相连的接触丝 5，4、5 连出的两根导线接到继电器上。当温度升高时，毛细管中水银柱上升与触针 7 接触，两电极导通，温度控制器接通，使继电器线圈中电流断开，加热器停止加热；当温度降低时，水银柱与金属丝断开，继电器线圈通过电流，使加热器线路接通，温度又回升。如此，不断反复，使恒温槽控制在一个微小的温度区间波动，被测体系的温度也就限制在一个相应的微小区间内，从而达到恒温的目的。在电接点水银温度计接触丝的上段有一块小金属标铁 6，它可和触针同时升降，其后背有一温度刻度表，由标铁的上沿位置可读出所需控制的大概温度值。温度恒定后，将调节帽固定螺丝 2 的螺钉固定，以免由于震动而影响温度的控制。

（4）温度控制器　温度控制器常由继电器和控制电路组成，故又称电子继电器。从电接点水银温度计传来的信号，经控制电路放大后，推动继电器去开关电热器。

（5）搅拌器　加强液体介质的搅拌，对保证恒温槽温度均匀起着非常重要的作用。

优良的恒温槽应满足的基本条件是：①定温计灵敏度高；②搅拌强烈而均匀；③加热器导热良好而且功率适当；④搅拌器、电接点水银温度计和加热器相互接近，使被加热的液体能立即搅拌均匀并流经定温计及时进行温度控制。

恒温槽的温度控制装置（图 3-3）属于“通”“断”类型，当加热器接通后，

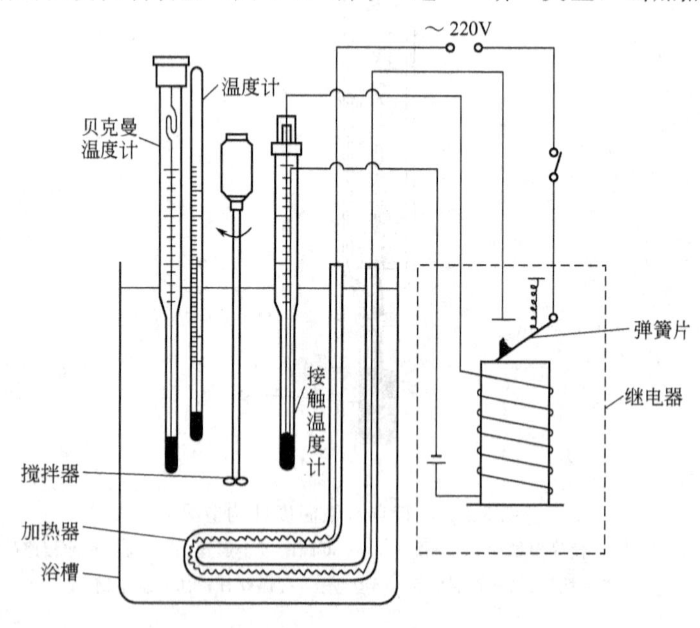

图 3-3　恒温槽装置电路示意图

恒温介质温度上升，热量的传递使电接点水银温度计中的水银柱上升。但热量的传递需要时间，因此常出现温度传递的滞后，往往是加热器附近介质的温度超过设定温度，所以恒温槽的温度超过设定温度。同理，降温时也会出现滞后现象。由此可知，恒温槽控制的温度有一个波动范围，并不是控制在某一固定不变的温度。控温效果可以用灵敏度 Δt 表示：

$$\Delta t=\pm(t_1-t_2)/2$$

式中，t_1 为恒温过程中水浴的最高温度；t_2 为恒温过程中水浴的最低温度。由图 3-4 可以看出：曲线 A 表示恒温槽灵敏度较高；B 表示恒温槽灵敏度较差；C 表示加热器功率太小或散热太快。影响恒温槽灵敏度的因素很多，大体有以下几个方面：

① 恒温介质流动性好，传热性能好，控温灵敏度就高。

② 加热器功率要适宜，热容量要小，控温灵敏度就高。

③ 搅拌器搅拌速度要足够大，才能保证恒温槽内温度均匀。

④ 继电器电磁吸引电键，后者发生机械作用的时间愈短，断电时线圈中的铁芯剩磁愈小，控温灵敏度就高。

⑤ 电接点水银温度计热容小，对温度的变化敏感，则灵敏度高。

⑥ 环境温度与设定温度的差值越小，控温效果越好。

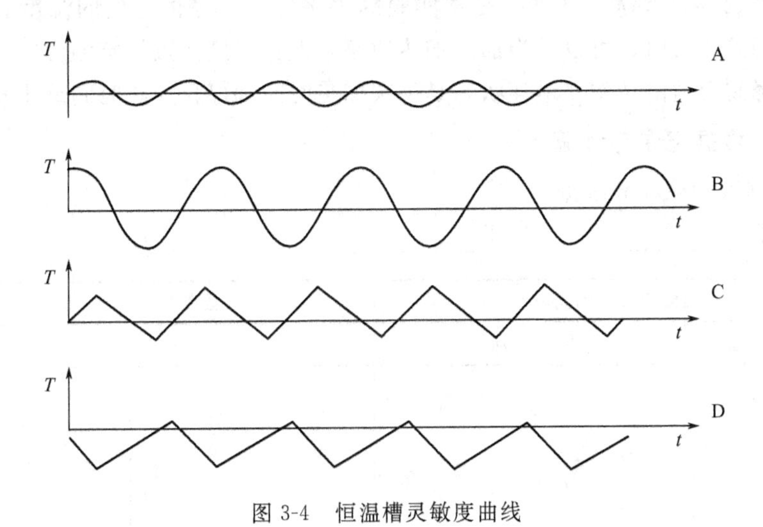

图 3-4　恒温槽灵敏度曲线

三、仪器与药品

恒温槽、温度计（0～50℃）、秒表。

四、实验步骤

1. 槽体中放入约 4/5 容积的蒸馏水。

2. 调节恒温水浴至设定温度

假定室温为 20℃，欲设定实验温度为 25℃，其调节方法如下：先旋开电接点水银温度计上端螺旋调节帽的锁定螺丝，再旋动磁性螺旋调节帽，使温度指示螺母位于大约低于欲设定实验温度 2～3℃处（如 23℃），开启加热器开关加热，如水温与设定温度相差较大，可先用大功率加热（加热电压为 160～220V），当水温接近设定温度时，改用小功率加热（加热电压为 20～50V）。注视温度计的读数，当达到 23℃左右时，再次旋动磁性螺旋调节帽，使触点与水银柱处于刚刚接通与断开状态（恒温指示灯时明时灭）。此时要缓慢加热，直到温度达 25℃为止，然后旋紧锁定螺丝。

3. 恒温槽灵敏度的测定

本实验用温差测量仪代替贝克曼温度计来测量温度的变化情况。注意调节加热电压，使每次的加热时间与停止加热的时间近乎相等。待恒温槽在设定的温度下恒温 15min 后，每隔 0.5min（秒表计时），从温差测量仪上读数并记录，时间为 30min。.

4. 实验结束，先关掉温控仪、搅拌器的电源开关，再拔下电源插头。

五、注意事项

1. 为使恒温槽温度恒定，接触温度计调至某一位置时，应将调节帽上的固定螺钉拧紧，以免使之因振动而发生偏移。

2. 电加热功率大小的选择是本实验的关键之一。当恒温槽的温度和所要求的温度相差较大时，可以适当加大加热功率，但当温度接近指定温度时，应将加热功率降到合适的功率。最佳状态是每次加热时间和停止加热时间近乎相等。

六、数据记录与计算

1. 列表记录实验数据

室温__________ 大气压__________

恒温槽 25℃时的灵敏度		恒温槽 35℃时的灵敏度	
$t_{始}$	$t_{停}$	$t_{始}$	$t_{停}$

2. 以时间 t 为横坐标，温度（温差测量仪读数）为纵坐标，绘出 25℃时恒温槽的灵敏度曲线。

3. 从灵敏度曲线上，找出最高温度 $t_{高}$、最低温度 $t_{低}$，用公式$\frac{1}{2}$（$t_{高}-t_{低}$）求出恒温槽在 25℃时的灵敏度，并根据灵敏度曲线对该恒温槽的恒温效果作出评价。

七、思考题

1. 恒温槽的恒温原理是什么？

2. 为什么在开动恒温装置前，要将接触温度计的标铁上端面所指的温度调节到低于所需温度处？如果高了会产生什么后果？

实验二　液体饱和蒸气压的测定

一、实验目的

1. 通过实验巩固液体饱和蒸气压的概念。

2. 通过测定不同外压下液体的沸点，测出不同温度下的饱和蒸气压。

二、实验原理

在一定温度下，纯液体与其蒸气达到平衡时的压力，称为该液体在此温度下的饱和蒸气压。在某一温度及该温度的平衡压力下，蒸发1mol纯液体所需的热量，即为该温度下该纯液体的摩尔汽化焓。液体饱和蒸气压与液体的本性及温度等因素有关。纯液体饱和蒸气压随温度上升而增大。当液体饱和蒸气压等于外压时，该液体发生沸腾，此温度即为该液体在该外压下的沸点。

本实验采用动态法测定乙醇在不同温度下的饱和蒸气压。液体沸腾时，它的蒸气压与外压相等，不同的外压，液体就有不同的沸点，也就得到了不同温度下的饱和蒸气压。

克拉贝龙-克劳修斯方程描述了液体饱和蒸气压与温度的关系：$\ln p=-\frac{\Delta_{\mathrm{vap}}H_{\mathrm{m}}^{标}}{RT}+c$。以 $\ln p$ 对 $\frac{1}{T}$ 作图，得到一条直线，其斜率为 $-\Delta_{\mathrm{vap}}H_{\mathrm{m}}^{标}/R$，因此根据斜率就可求出该液体的摩尔汽化焓。同时从图上可求出外压为101325Pa时所对应的沸点，即为正常沸点。

三、仪器与药品

1. 仪器

压力平衡管、三通、温度计、U形压力计、缓冲瓶、真空泵、胶管。

2. 药品

乙醇、汞。

四、实验步骤

1. 检漏

装置见图3-5，启动真空泵，关缓冲瓶上通大气的 S_2，同时旋转 S_1 使系统与真空泵相通，直到U形压力计的汞柱差为10cm时，旋转 S_1 使真空泵与大气相通，停真空泵。如果3min内汞柱差无变化，则表示系统不漏气。

2. 正常沸点的测定。慢慢旋转 S_2，使系统与大气相通。通冷却水，开搅拌器，加热水浴至80℃左右，停止加热，系统温度不断下降，压力平衡管（图3-6）的B、C两管液面高度均发生变化，当B、C两管液面处于同一水平时，立即记录此时的温度及U形压力计的汞柱差。重复测定一次，若两次温度差小于0.2℃就可进行下面的实验。

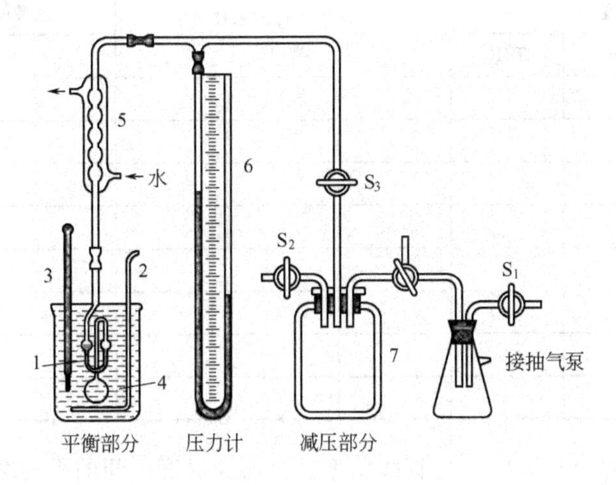

图 3-5　饱和蒸气压测定装置

1—压力平衡管；2—搅拌器；3—温度计；
4—水浴；5—冷凝器；6—U 形压力计；
7—缓冲瓶

3. 立即启动真空泵并旋转 S_1 使系统与真空泵相通，并关 S_2。当系统减压至 U 形压力计的汞柱差为 5cm 时（约 6700Pa），液体又沸腾，旋转 S_1 使真空泵与大气相通而与系统不通。系统温度逐渐下降，当 B、C 两管液面处于同一水平时，立即记录此时的温度及 U 形压力计的汞柱差。接着立即缓慢旋转 S_1 使系统与真空泵相通，使系统再减压至 U 形压力计的汞柱差为 5cm，当 B、C 两管液面再处于同一水平时，再读取另一组数据。重复以上操作，直至汞柱两臂差为 40cm，停止实验。

五、注意事项

1. 压力平衡管 A、B 液面上的空气必须排净，勿使空气倒灌入 A 管中。

2. 实验结束后，缓慢开启 S_2，使空气缓慢进入系统。

3. 开关真空泵前，使真空泵与大气相通。

六、数据记录与计算

室温：______℃　　大气压：________Pa

1. 正常沸点测定记录

项目 次数	1	2	平均值
沸点/℃			

2. 饱和蒸气压测定记录

温度			U形压力计的汞柱差 Δh/Pa			乙醇的饱和蒸气压	
t/℃	T/K	$1/T$/K^{-1}				$p=p_0-\Delta h$	$\ln p$

3. 绘制 $\ln p-1/T$ 图，由直线斜率计算实验温度区间的平均摩尔汽化焓。

七、思考题

1. 压力平衡管U形管中所储存液体起什么作用？
2. 为什么抽气时U形管中的液体会沸腾？

八、附录

压力平衡管

它由三个玻璃管组成（结构见图 3-6）。当 A、C 管上部纯粹为待测液的蒸气，而 B、C 管中的液面又在同一水平时，则表示加在 C 管液面上的蒸气压与加在 B 管液面上的蒸气压相等。此时液体的温度即为该液体的沸点温度。

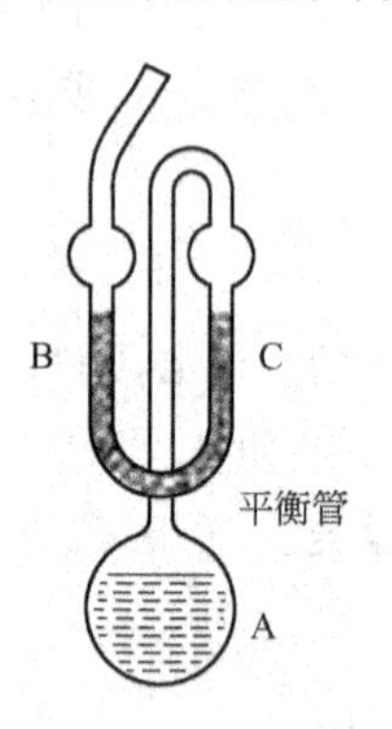

图 3-6 压力平衡管

实验三　电导法测定弱电解质的解离常数

一、实验目的

1. 理解溶液电导的概念。
2. 掌握电导率仪的使用。
3. 测定醋酸溶液的解离度和解离常数。

二、实验原理

对于CA型的弱电解质 $CA \rightleftharpoons C^+ + A^-$

其在水溶液中的标准解离常数

$$K^{\ominus}=\frac{a(C^+)a(A^-)}{a(CA)}=\frac{\gamma(C^+)b(C^+)\gamma(A^-)b(A^-)}{\gamma(CA)b(CA)} \tag{1}$$

对确定的弱电解质，$K^{\ominus}$ 只是温度的函数。

除了 $K^{\ominus}$ 外，通常使用以浓度表示的解离常数

$$K_c=\frac{c(C^+)c(A^-)}{c(CA)} \tag{2}$$

c 为解离平衡时物质的浓度，K_c 除了与温度有关外，还与电解质的浓度有关，但当电解质浓度很稀时，K_c 近似为常数。

设弱电解质总浓度为 c，该浓度下解离度为 α 则解离常数

$$K_c=\frac{c\alpha^2}{1-\alpha} \tag{3}$$

已知 c，测定 α，即可按上式求得 K_c。

测定 α 采用电导法。

电导的定义：通过导体的电流与导体两端的电势差之比。因此电导是电阻的倒数，电导的符号为G，SI单位是“西门子”，以S表示。若某电导池的两电极间距为 L，极板面积为 A，那么该电导池中溶液的电导为：

$$G=\kappa\frac{A}{L} \tag{4}$$

即电导与极板面积成正比而与极板间距成反比。其比例系数 κ 称为电导率，它的物理意义是当 $A=1m^2$、$L=1m$ 时电导池中溶液的电导。

在一定温度下，电解质溶液的电导率除与电解质种类有关外还与溶液浓度有关。为了比较不同电解质溶液的导电能力，人们引入了摩尔电导率的概念：在相距1m的两个平行电极之间，放入1mol的电解质时该溶液的电导称为摩尔电导率，用 Λ_m 表示。则摩尔电导率与电导率之间的关系为：

$$\Lambda_m=\frac{\kappa}{c} \tag{5}$$

式中，c 为溶液的浓度。

弱电解质的解离度 α 随浓度的下降而增大，当溶液浓度趋于无限稀时，弱电解质将趋于完全解离，即 $\alpha \to 1$。在一定温度下，某电解质溶液的电导率与溶液中的离子浓度成正比，因而也就与解离度 α 成正比，所以解离度 α 等于该溶液浓度为 c 时的 Λ_m 与溶液浓度为无限稀释时摩尔电导率 Λ_m^{∞} 之比：

$$\alpha=\frac{\Lambda_m}{\Lambda_m^{\infty}} \qquad (6)$$

根据离子独立运动定律，在无限稀释的溶液中，离子运动彼此独立，互不影响，即电解质的摩尔电导率等于正、负离子摩尔电导率之和：

$$\Lambda_m^{\infty}=\Lambda_m^{+\infty}+\Lambda_m^{-\infty} \qquad (7)$$

则 $\Lambda_m^{\infty}(CH_3COOH) = \Lambda_m^{\infty}(H^+) + \Lambda_m^{\infty}(CH_3COO^-)$

三、仪器与药品

1. 仪器

DDS-11A 型电导率仪、恒温槽、容量瓶（100mL）、移液管（50mL）。

2. 药品

醋酸、蒸馏水。

四、实验步骤

1. 将恒温槽调到 25℃。

2. 用 50mL 移液管将浓度为 c_0 的醋酸溶液在 100mL 容量瓶中稀释至 $1/2c_0$，用另一支 50mL 移液管将浓度为 $1/2c_0$ 的醋酸溶液在另一个 100mL 容量瓶中稀释至 $1/4c_0$。

3. 分别测定浓度为 c_0、$1/2c_0$、$1/4c_0$ 醋酸溶液的电导率。注意每次测定前都应将电极冲净，再用待测液荡洗 2～3 次。溶液中插入电极后在恒温槽中恒温至少 10min，实验完毕，电极冲净，放入蒸馏水中。

五、数据记录与计算

1. 查出 25℃ 时 $\Lambda_m^{\infty}(CH_3COO^-)$ 和 $\Lambda_m^{\infty}(H^+)$ 的数值，计算 $\Lambda_m^{\infty}(CH_3COOH)$。

2. 实验温度：______℃，　c_0＝________mol/L

c/(mol/L)	κ/(mS/m)	Λ_m/(mS·m^2/mol)	α	K_c/(mol/L)

六、思考题

1. 影响电导率的因素有哪些?

2. 为什么测定电导率之前必须用待测液荡洗 2～3 次?

七、附录

1. DDS-11A 型电导率仪的使用说明

(1) 仪器的结构　DDS-11A 电导率仪如图 3-7 所示。

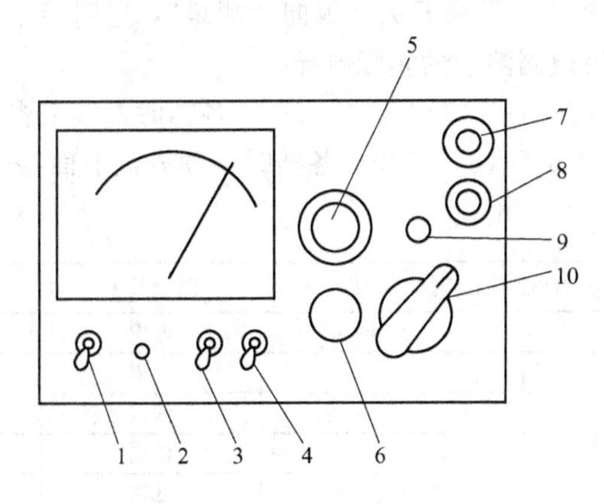

图 3-7　DDS-11A 电导率仪

1—电源开关；2—电源指示灯；3—高周、低周开关；
4—校正、测量开关；5—电极常数补偿调节器；
6—校正调节器；7—10mV 输出插口；8—电极插口；
9—电容补偿器；10—量程选择开关

(2) 使用方法

① 未开电源开关前，观察表针是否指零，可调整表头的螺丝，使表针指零。

② 将“校正、测量开关”扳在“校正”位置。

③ 插接电源线，打开电源开关，并预热数分钟（使指针完全稳定）调节“校正调节器”使电表指示满刻度。

④ 当使用（1）～（8）量程来测量电导率低于 300μS/cm 的液体时，选用“低周”，这时将“高周、低周开关”扳向“低周”即可。当使用（9）～（12）量程来测量电导率在 300μS/cm 至 $10^5$$\mu$S/cm 的液体时，则将“高周、低周开关”扳向“高周”。

⑤ 将“量程选择开关”扳到所需的测量范围，如预先不知被测溶液的电导率的大小，应先将其扳到最大电导率测量挡，然后逐挡下降，以防表针打弯。

⑥ 电极的使用。用电极夹夹紧电极的胶木帽，电极夹固定在电极杆上。

a. 当被测溶液的电导率低于 10μS/cm，使用 DJS-1 型光亮电极。这时应把“电极常数补偿调节器”调节到与所用电极的常数相对应的位置上，例如，若电极常数为 0.95，则应把“电极常数补偿调节器”调至 0.95 处。

b. 当被测溶液的电导率在 10～$10^4$$\mu$S/cm，使用 DJS-1 型铂黑电极。“电极常数补偿调节器”的调节与 a. 同。

⑦ 将电极插头插入“电极插口”内，旋紧固定螺丝，再将电极浸入待测溶液中。

⑧ 接着校正，即将“校正、测量开关”扳在“校正”位置，调节“校正调节器”使其指在满刻度。

⑨ 此后，将“校正、测量开关”扳向“测量”，这时指示数乘以“量程选择开关”的倍率，即为被测溶液的实际电导率。

⑩ 用（1）、（3）、（5）、（7）、（9）、（11）各挡时，读表盘上面 0～1.0 刻度，用（2）、（2）、（4）、（6）、（8）、（10）各挡时，读表盘下面 0～3.0 刻度。

（3）量程范围

量程	电导率/(μS/cm)	电阻率/Ω·cm	测量频率	配套电极
(1)	0～0.1	10^7～∞	低周	DJS-0.1 型电导电极
(2)	0～0.3	3.33×10^6～∞	低周	DJS-1 型光亮电极
(3)	0～1	10^6～∞	低周	DJS-1 型光亮电极
(4)	0～3	3.33×10^5～∞	低周	DJS-1 型光亮电极
(5)	0～10	10^5～∞	低周	DJS-1 型光亮电极
(6)	0～30	3.33×10^4～∞	低周	DJS-1 型光亮电极
(7)	0～100	10^4～∞	低周	DJS-1 型铂黑电极
(8)	0～300	3.33×10^3～∞	低周	DJS-1 型铂黑电极
(9)	0～1000	10^3～∞	高周	DJS-1 型铂黑电极
(10)	0～3000	333.33～∞	高周	DJS-1 型铂黑电极
(11)	0～10000	100～∞	高周	DJS-1 型铂黑电极
(12)	0～100000	10～∞	高周	DJS-1 型铂黑电极

2. 离子在无限稀释时的摩尔电导率（298K）

阳离子	$10^4\Lambda^+$/(S·m²/mol)	阴离子	$10^4\Lambda^-$/(S·m²/mol)
H^+	349.82	OH^-	198
Na^+	50.11	Cl^-	76.34
NH_4^+	73.4	I^-	76.8
K^+	73.5	Ac^-	40.9
Ag^+	61.92	NO_3^-	71.44
$1/2Mg^{2+}$	53.06	HSO_3^-	50

3. 醋酸在水溶液中不同温度下的 K_c 值

25℃　　$K_c=1.754\times10^{-5}$ mol/L

35℃　　$K_c=1.730\times10^{-5}$ mol/L

4. 电导水制备方法

当准确度要求较高时，应该用电导水代替蒸馏水，其制备方法如下：将蒸馏水中加入碱性高锰酸钾少许，蒸馏收集中间馏分，其电导率应小于 0.3m/S。

实验四　过氧化氢催化分解动力学

一、实验目的

1. 测定一定温度下碘化钾催化过氧化氢分解反应的速率常数。

2. 了解一级反应特征，测定反应物初始浓度及催化剂浓度对反应速率常数的影响。

二、实验原理

过氧化氢在没有催化剂存在时，分解反应进行得很慢。

$$H_2O_2 \longrightarrow H_2O + \frac{1}{2}O_2 \tag{1}$$

加入碘化钾能促进过氧化氢分解，其分解步骤如下：

$$KI + H_2O_2 \longrightarrow KIO + H_2O(\text{慢}) \tag{2}$$

$$KIO \longrightarrow KI + \frac{1}{2}O_2(\text{快}) \tag{3}$$

KI 与 H_2O_2 反应，首先生成不稳定的中间产物，改变了反应途径，降低了反应的活化能，因此反应加快。式（2）反应的速率较式（3）慢得多，所以式（2）成为整个反应的控制步骤，故反应速率方程可表示为：

$$-\frac{dc(H_2O_2)}{dt} = k'c(KI)c(H_2O_2) \tag{4}$$

式中　c——浓度；

t——反应时间；

k'——反应速率常数。

由于反应过程中 c(KI) 不变，与 k'合并后仍为常数，用 k 表示，$k=k'c$(KI)，则式（4）可简化为：

$$-\frac{dc(H_2O_2)}{dt} = kc(H_2O_2) \tag{5}$$

式中　k——表观反应速率常数，因次为［时间］$^{-1}$，与催化剂浓度有关。

由式（5）可看出反应速率与反应物浓度的一次方成正比，故 H_2O_2 分解反应为一级反应，表观速率常数 k 随温度和催化剂浓度而变。

将式（5）积分得

$$\ln\frac{c_t}{c_0} = -kt \tag{6}$$

式中　c_0——H_2O_2 初始浓度，mol/L；

c_t——t 时刻 H_2O_2 浓度，mol/L。

反应速率也可以用反应半衰期 $t_{1/2}$（当 $c_t=\frac{1}{2}c_0$ 时反应时间）表示。将 $c_t=$

$\frac{1}{2}c_0$ 代入式（6），得下式：

$$t_{1/2}=\frac{\ln 2}{k}=\frac{0.693}{k} \tag{7}$$

所以一级反应的半衰期与反应物的初始浓度无关，与反应速率常数 k 成反比。

在一定的温度、压力下，H_2O_2 催化分解过程中，t 时刻的 H_2O_2 浓度 c_t 可通过一定体积该溶液在相应时间内分解放出氧气的体积得出，这时分解过程中放出氧气的体积与分解了的 H_2O_2 的物质的量浓度成正比，其比例常数为定值。

令 V_∞ 表示 H_2O_2 全部分解放出的氧气体积，V_t 表示 H_2O_2 在 t 时刻分解放出的氧气体积，则

$$c_0 \propto V_\infty$$

$$c_t \propto (V_\infty - V_t)$$

将上面关系代入式（6）得：

$$\ln(V_\infty - V_t) = -kt + \ln V_\infty \tag{8}$$

以 $\ln(V_\infty - V_t)$ 对 t 作图得一直线，由直线斜率可求得表观反应速率常数 k。

V_∞ 是由所用 H_2O_2 的初始浓度及体积算出来的，按 H_2O_2 分解反应计量关系可得计算式：

$$V_\infty=\frac{n(O_2)RT}{p(O_2)}=\frac{c_0(H_2O_2)V(H_2O_2)RT}{2[p-p(H_2O)]} \tag{9}$$

式中 T——室温，K；

$n(O_2)$ ——H_2O_2 全部分解放出的 O_2 的物质的量，mol；

$p(O_2)$ ——O_2 的分压，Pa；

p——大气压力，Pa；

$c_0(H_2O_2)$ ——H_2O_2 的初始浓度，mol/L；

$V(H_2O_2)$ ——实验用 H_2O_2 的体积，L；

$p(H_2O)$ ——室温下水的饱和蒸气压，Pa。

三、仪器与药品

1. 仪器

磁力搅拌器、双连球、秒表、皂膜流量计、锥形瓶、三通、烧杯、量筒、移液管（10mL）。

2. 药品

$\omega(H_2O_2)\approx 3\%$（浓度需预先标定准确）、$c(KI)=0.1$mol/L 的 KI 溶液、$c(KI)=0.05$mol/L 的 KI 溶液、蒸馏水。

四、实验步骤

1. 检漏

按图连接仪器。塞紧反应管的塞子，将三通旋塞 5 转至位置 a，使反应管 1 仅与打气球 7（双连球）相通，并用打气球往反应管中鼓足空气，稍等片刻，若打气球无变化，则表明系统不漏气。

2. 恒温

调水浴温度在 25℃。

3. 预做皂膜

将三通旋塞 5 转至位置 b，使打气球 7 只与皂膜流量计管 6 相通，打气球不断向流量计中鼓气，同时挤压流量计下面的橡皮球 8，不断形成皂膜，并沿流量计缓慢上升，直至将流量计从下至上全部润湿，但勿使管臂挂有残留皂膜。皂膜流量计管润湿后，首先在流量计下端做成一个稳定的皂膜，并令皂膜升至零刻度处，立即关闭三通旋塞 5，保持皂膜在零刻度处静止不动，准备测 V_t。

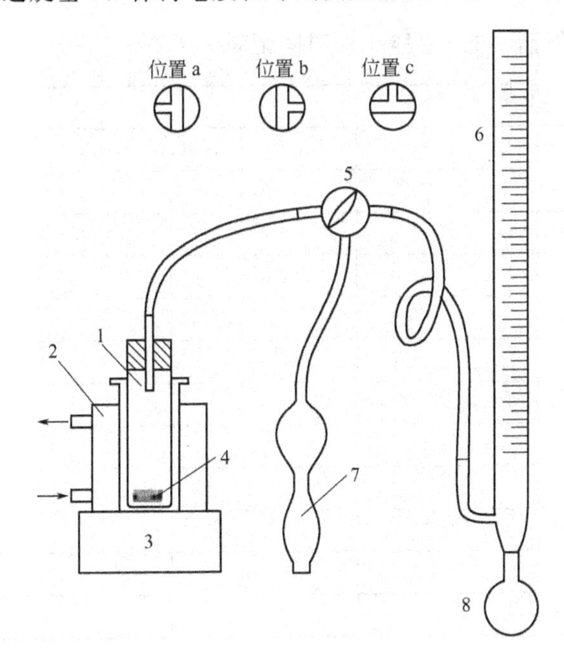

图 3-8 过氧化氢分解实验装置图

1—反应管；2—恒温水浴；3—磁力搅拌器；4—搅拌子；5—三通旋塞；6—皂膜流量计；7—打气球；8—橡皮球

4. 测 V_t

用移液管取 10mL c(KI) ＝0.1mol/L 的 KI 溶液，装入干燥的反应管 1 中，放入搅拌子，开动搅拌，预热 5min 后停止搅拌，然后加入 10mL$\omega(H_2O_2)\approx3\%$ 的 H_2O_2 溶液，塞紧胶塞（防止分解的氧气外漏），同时计时和开动搅拌，将旋塞 5 转至位置 c，使反应管 1 与皂膜流量计管 6 相通，与打气球 7 不通。这时反应管里生成的 O_2 进入皂膜流量计中，皂膜上升，每隔 5mL 记录一次时间（连续记录，中间不能停表），直至体积增至 40mL 为止。

5. 改变条件测 V_t

（1）取 10mL c(KI) ＝0.1mol/L 的 KI 溶液和 5mL 蒸馏水装入干燥的反应管 1 中，预热 5min 后加入 5mL $\omega(H_2O_2)\approx 3\%$的 H_2O_2 溶液，然后按步骤 4. 测 V_t。

（2）取 10mL c(KI)＝0.05mol/L 的 KI 溶液装入干燥的反应管 1 中，预热 5min 后加入 10mL $\omega(H_2O_2)\approx 3\%$的 H_2O_2 溶液，然后按步骤 4. 测 V_t。

6. 记录大气压和室温，查出室温下水的饱和蒸气压。

五、数据记录与计算

室温：______℃；大气压：________Pa；室温下水的饱和蒸气压：________Pa。

1. H_2O_2 分解产生的 O_2 体积及时间记录。

样品编号	1	2	3
c(KI)/(mol/L)	0.1		0.05
$V(H_2O_2)$/mL	10	5	10
$V(H_2O)$/mL	0	5	0
$V(O_2)$/mL	t/min	t/min	t/min
5			
10			
15			
20			
25			
30			
35			
40			

2. 计算 V_∞、$V_\infty - V_t$ 及 ln（$V_\infty - V_t$），将 ln（$V_\infty - V_t$）及对应时间 t 列表如下：

V_∞＝______mL，$V_\infty - V_t$＝________mL。

$V(O_2)$/mL	$\ln(V_\infty - V_t)$	1	3	$\ln(V_\infty - V_t)$	2
		t/min	t/min		t/min
5					
10					
15					
20					

续表

$V(O_2)$/mL	$\ln(V_\infty - V_t)$	1	3	$\ln(V_\infty - V_t)$	2
		t/min	t/min		t/min
25					
30					
35					
40					

3. 以 $\ln(V_\infty - V_t)$ 为纵坐标，t 为横坐标作图，得一直线，由直线斜率求表观反应速率常数 k_1、k_2、k_3 及对应的半衰期 $t_{1/2}$。

六、思考题

1. 表观反应速率常数 k 与哪些因素有关？KI 溶液的浓度对 k 有何影响？

2. H_2O_2 催化分解为几级反应？其特征是什么？

实验五　乙酸乙酯皂化反应速率常数及活化能的测定

一、实验目的

1. 掌握电导法测定反应速率常数并通过作图求反应的活化能的方法。

2. 理解二级反应的特征。

二、实验原理

乙酸乙酯皂化反应是个典型的二级反应，为简化数据处理，本实验所取反应物的初始浓度相同，皆为 c_0，则在时间 t 时生成物的浓度为 x，其反应如下：

$$CH_3COOC_2H_5 + NaOH \longrightarrow CH_3COONa + C_2H_5OH$$

$t=0$ 时	c_0	c_0	0	0
$t=t$ 时	c_0-x	c_0-x	x	x
$t=\infty$时	0	0	c_0	c_0

该反应的速率方程为：

$$-\frac{d(c_0-x)}{\mathrm{d}t}=\frac{\mathrm{d}x}{\mathrm{d}t}=k(c_0-x)^2 \tag{1}$$

k 为反应的速率常数，其值取决于温度，因次为［时间］$^{-1}$·［浓度］$^{-1}$。

积分式（1），且 $t=0$ 时，$x=0$，得：

$$kt=\frac{1}{c_0-x}-\frac{1}{c_0} \tag{2}$$

$$kt=\frac{x}{c_0(c_0-x)} \tag{3}$$

若以$\frac{x}{c_0-x}$对 t 作图得一直线，这是二级反应的特征之一。通过实验测出不同 t 时的 x 值，用作图法，由直线斜率即可求得反应速率常数 k。

本实验采用电导法测定皂化反应进程中溶液电导率 κ 随时间的变化来表示不同反应物的浓度。因为随着皂化反应的进行，溶液中电导能力强的 OH^- 逐渐被电导能力弱的 CH_3COO^- 所代替，所以溶液的电导逐渐减少（溶液中 $CH_3COOC_2H_5$ 和 C_2H_5OH 的电导能力都很小，可忽略不计）。显然溶液的电导率变化是与反应物浓度变化相对应的。

在稀电解质溶液中，可近似认为电导率 κ 与浓度 c 有如下正比关系：

$$\kappa=\Lambda_m c \tag{4}$$

式中　Λ_m——摩尔电导率，$S \cdot m^2/mol$。

并且溶液的电导率等于各电解质离子电导率之和。

根据电导定义

$$G=\kappa\frac{A}{l} \tag{5}$$

式中　A——电导池电极面积，m^2；

l——电导池两极间距，m。

将式（4）代入式（5）可得：

$$G=\Lambda_m c \frac{A}{l} \tag{6}$$

在一定温度下，对于给定的电解质和电导池，$\Lambda_m \frac{A}{l}=K$ 为一个常数，于是式（6）可表示为：

$$G=Kc \tag{7}$$

设 G_0、G_t 和 G_∞ 分别代表时间为 0、t 和∞时溶液的电导，那么：

$$G_0=K(NaOH)c_0$$

$$G_t=K(CH_3COONa)c_0$$

$$G_\infty=K(NaOH)(c_0-x)+K(CH_3COONa)x$$

由上面三式可得：

$$x=\left(\frac{G_0-G_t}{G_0-G_\infty}\right)c_0 \tag{8}$$

将式（8）代入式（3）中，得：

$$k=\frac{1}{tc_0}\times\frac{G_0-G_t}{G_0-G_\infty} \tag{9}$$

将上式变形得：

$$k=\frac{1}{tc_0}\times\frac{(G_0-G_\infty)-(G_t-G_\infty)}{G_t-G_\infty}$$

整理得：

$$\frac{1}{G_t-G_\infty}=\frac{kc_0}{G_0-G_\infty}t+\frac{1}{G_0-G_\infty} \tag{10}$$

以$\frac{1}{G_t-G_\infty}$对 t 作图，应得一直线，其斜率 $m=\frac{kc_0}{G_0-G_\infty}$，截距 $b=\frac{1}{G_0-G_\infty}$，故速率常数为：

$$k=\frac{m}{\frac{c_0}{G_0-G_\infty}}=\frac{m}{c_0 b} \tag{11}$$

通过实验测得一定温度下的 G_0、G_∞ 和在不同时刻的 G_t 后，用作图法即可求得该温度下的反应速率常数 k。

应速率常数 k 与温度 T 的关系符合阿累尼乌斯方程，即：

$$\frac{d\ln k}{dT}=\frac{E_a}{RT^2} \tag{12}$$

积分上式，得

$$\ln k=-\frac{E_a}{RT}+C \tag{13}$$

或
$$\ln\frac{k_2}{k_1}=-\frac{E_a}{RT}\left(\frac{1}{T_2}-\frac{1}{T_1}\right) \tag{14}$$

式中　E_a——反应的表观活化能。

显然，测定不同温度下的 k 值，作 $\ln k-1/T$ 图，得一直线，由斜率可求出 E_a，也可由不同温度下的 k 值计算 E_a。

三、仪器与药品

1. 仪器

DDS-11A 型电导率仪、恒温槽、锥形瓶（150mL）、微量注射器（100μL）、秒表、移液管（50mL）。

2. 药品

$c(NaOH)=0.01mol/L$ 的 NaOH 溶液、$c(CH_3COONa)=0.01mol/L$ 的 NaOH 溶液、乙酸乙酯。

四、实验步骤

1. 调节恒温槽在 25℃，打开电导率仪备用。

2. 取洁净干燥的 150mL 锥形瓶两个，用移液管分别准确地加入 0.01mol/L 的 NaOH 溶液 100mL，用橡皮塞盖严（防止 NaOH 溶液吸收空气中的 CO_2），放入恒温槽中待用。

3. 测 G_∞。在洁净干燥的 150mL 锥形瓶中加入 0.01mol/L 的 CH_3COONa 溶液约 80mL（保证浸入电极后液面略高于电极），并插入电导电极，然后在 25℃的恒温槽内恒温 15min 后，测量 CH_3COONa 溶液的 G_∞，重复测定三次，取平均值。此 CH_3COONa 溶液仍留在恒温槽中，供测定下一个温度下的 G_∞ 用。

4. 测 G_0。从 CH_3COONa 溶液中取出电导电极，先用蒸馏水洗净，再用待测液荡洗 2～3 次，然后插入上面预热好的某一 NaOH 溶液中，再恒温 15min，测定 G_0，重复三次。

5. 测 G_t。首先排净微量注射器中的空气，然后用微量注射器准确吸取与 100mL 0.01mol/L NaOH 溶液等物质的量的乙酸乙酯（25℃时，约为 98.2μL），迅速注入上述已恒温的 NaOH 溶液中，同时开启秒表计时（中间不可停表），并立即摇动锥形瓶使溶液混合均匀。然后每隔 1min 测定一次溶液的电导 G_t，10min 后停止。

6. 将恒温槽温度调至 30℃，再按步骤 2.、3.、4. 测定 G_∞、G_0 和 G_t。注意：每次测定前电导电极要先用蒸馏水洗净，再用待测液荡洗 2～3 次后，才可使用。

7. 测定结束后，关闭电源，将电导电极放入蒸馏水中保存。

五、数据记录与计算

1. 实验温度：$t_1=$______℃　　　　$c_0=$________mol/L

溶液电导：G_0 = ______ mS　　G_∞ = ________ mS

t/min	κ/(mS/cm)	G_t/mS	(G_t-G_∞)/mS	$(G_t-G_\infty)^{-1}$/mS^{-1}
1				
2				
3				
4				
5				
6				
7				
8				
9				
10				

实验温度：t_2 = ______ ℃　　c_0 = ________ mol/L

溶液电导：G_0 = ______ mS　　G_∞ = ________ mS

t/min	κ/(mS/cm)	G_t/mS	(G_t-G_∞)/mS	$(G_t-G_\infty)^{-1}$/mS^{-1}
1				
2				
3				
4				
5				
6				
7				
8				
9				
10				

2. 以$\frac{1}{G_t-G_\infty}$对 t 作图，由直线斜率 m 求 k。

3. 由式 (14) 计算表观活化能 E_a。

六、思考题

1. 本实验为什么可以用测定反应液的电导率变化来代替浓度变化？为什么要求溶液浓度相当稀？

2. 若反应物初始浓度不同，测得的 k 值与本实验的结果是否相同？为什么？

实验六　蔗糖水解反应速率常数的测定

一、实验目的

1. 测定蔗糖水解反应的速率常数和半衰期，并证明该反应是一级反应。

2. 掌握旋光仪的使用方法。

二、实验原理

反应速率与反应物浓度一次方成正比的反应，称为一级反应，即

$$-\frac{\mathrm{d}c}{\mathrm{d}t}=kc \tag{1}$$

式中　k——反应速率常数。

将式（1）积分，得

$$\ln c=-kt+B \tag{2}$$

由此式可知，以 $\ln c$ 对时间 t 作图，应得一直线，其斜率为 $-k$。

为了确定式（2）中的积分常数 B，设反应开始时（即 $t=0$ 时）反应物的浓度为 c_0，代入上式可得：

$$\ln\frac{c_0}{c}=kt \tag{3}$$

若用 x 代表时刻 t 已消耗的反应物的浓度，把 $x=\frac{1}{2}c_0$ 时所需的时间称为半衰期 $t_{1/2}$，则

$$\begin{aligned} t_{1/2}&=\frac{1}{k}\ln\frac{c_0}{c_0-x}\\ &=\frac{1}{k}\ln\frac{c_0}{c_0-\frac{1}{2}c_0}\\ &=\frac{\ln 2}{k} \end{aligned} \tag{4}$$

由此式可见，温度一定，一级反应的半衰期为一常数，且与反应物的起始浓度无关，仅与速率常数 k 成反比。

蔗糖水解反应为：

$$C_{12}H_{22}O_{11}+H_2O \longrightarrow C_6H_{12}O_6+C_6H_{12}O_6$$

这是一个二级反应。在纯水中反应速率极慢，需在 H^+ 的催化下才能加速进行。由于反应时水是大量存在的，其浓度改变很小，可视为常数，H^+ 作为催化剂，在反应中也保持浓度不变，因此，该反应可看作一级反应。

本实验中的蔗糖及其转化物葡萄糖、果糖都含有不对称碳原子，它们都具有旋光性，也就是能使通过它们的偏振光的振动面旋转一定的角度，此角度称为旋

光度，以 α 表示。蔗糖、葡萄糖能使偏振光的振动面按顺时针方向旋转，为右旋物质，旋光度为正值；果糖能使偏振光的振动面按逆时针方向旋转，为左旋物质，旋光度为负值。

溶液的旋光度的大小除了与旋光性物质的性质有关外，还与溶剂的性质、溶液的浓度、样品管长度、光源波长和温度等因素有关。当其他条件固定时，旋光度与溶液浓度呈线性关系，所以，可通过观察溶液旋光度随时间的变化来确定反应进程。

反应开始时，体系中只有蔗糖，旋光度为正值；随着反应的进行，葡萄糖和果糖逐渐增多，虽然二者的浓度相等，但果糖的左旋光性比葡萄糖的右旋光性大，因此整个体系的旋光度不断变小，由正值逐渐变为负值。

设开始时测得的旋光度为 α_0，经过 t 分钟测得的旋光度为 α_t，反应完毕测得的旋光度为 α_∞。则：

$$c_0=k(\alpha_0-\alpha_\infty) \tag{5}$$

$$c=k(\alpha_t-\alpha_\infty) \tag{6}$$

式中，k 为比例系数。把式（5）、式（6）代入式（3）得：

$$\ln\frac{\alpha_0-\alpha_\infty}{\alpha_t-\alpha_\infty}=kt \tag{7}$$

或

$$\ln(\alpha_t-\alpha_\infty)=-kt+\ln(\alpha_0-\alpha_\infty) \tag{8}$$

若以 $\ln(\alpha_t-\alpha_\infty)$ 对 t 作图，得一直线，由直线斜率可求反应速率常数 k，还可由式（4）求出半衰期 $t_{1/2}$。

三、仪器与药品

1. 仪器

旋光仪、恒温槽、容量瓶（500mL）、天平、秒表、锥形瓶（100mL）、移液管（25mL）。

2. 药品

蔗糖、HCl 3mol/L。

四、实验步骤

1. 旋光仪零点的校正。打开电源，预热几分钟。将旋光管内注满蒸馏水（注意不要有气泡，若有微小的气泡，应将其赶至管的凸肚部分），放入旋光仪。调整目镜使视场清晰，然后旋转检偏镜，使三分（或二分）视野的视界消失，记下刻度盘的读数，重复三次，取平均数，此值即为旋光仪的零点。

2. α_0 的测定。称取 10g 蔗糖于烧杯中，先用少量蒸馏水溶解，倒入 50mL 容量瓶中，加水稀释至刻度，摇匀。用配好的蔗糖溶液注满旋光管，测其旋光度即为 α_0。

3. α_t 的测定。用移液管吸取 25mL 蔗糖溶液置于一干燥锥形瓶中，用另一支移液管吸取 25mL 盐酸溶液放入该锥形瓶中。当盐酸流入一半时，开启秒表，作为反应的起始时间。全流入后混合均匀，用少量待测液荡洗旋光管 2～3 次，再将溶液注满旋光管，擦干玻片，放入旋光仪。当反应进行到 15min 时，测定第一次旋光度，同时迅速记录时间。之后每隔 10min 测一次，共测三次。此后每隔 15min 测一次，共测四次。

4. 测量 α_∞。把锥形瓶中剩余的反应液置于 60℃ 的恒温水浴中（不可高于 65℃），恒温 30min，使反应进行完全，然后将其冷却至室温，测定旋光度即为 α_∞。

五、数据记录与计算

1. 实验温度：__________℃　　旋光管长度：__________m
   蔗糖浓度：__________mol/L　　盐酸浓度：__________mol/L

反应时间 t/min	α_t	$\alpha_t-\alpha_\infty$	$\ln(\alpha_t-\alpha_\infty)$
15			
25			
35			
45			
60			
75			
90			
105			

2. 以 $\ln(\alpha_t-\alpha_\infty)$ 为纵坐标，以时间 t 为横坐标作图，由所得直线斜率求出该反应的速率常数 k，并计算反应的半衰期 $t_{1/2}$。

斜率＝________；速率常数 k＝________；半衰期 $t_{1/2}$＝__________。

六、思考题

反应过程中，溶液的旋光率如何变化？为什么？

七、附录

WXG-4 小型旋光仪的使用说明

1. 用途

旋光仪是专供测定物质的旋光度的仪器，通过对旋光度的测定，可检验物质的浓度、纯度、含量等。因此广泛应用于化学工业制药工业、制糖工业、香料工业、石油工业及食品工业。

本仪器结构轻巧使用方便，能适应于成分分析使用。

2. 主要技术数据

旋光度测定范围＋180°；度盘格值 1°；游标最小读数值 0.05°；单色光源钠光灯；仪器使用电源 220V、50Hz；仪器质量 10kg；试管长度（两种）

100mm、200mm。

外形尺寸 200mm×360mm×450mm。

3. 工作原理

本仪器采用三分视界法来确定光学零位，仪器的光学系统如图 3-9 所示。

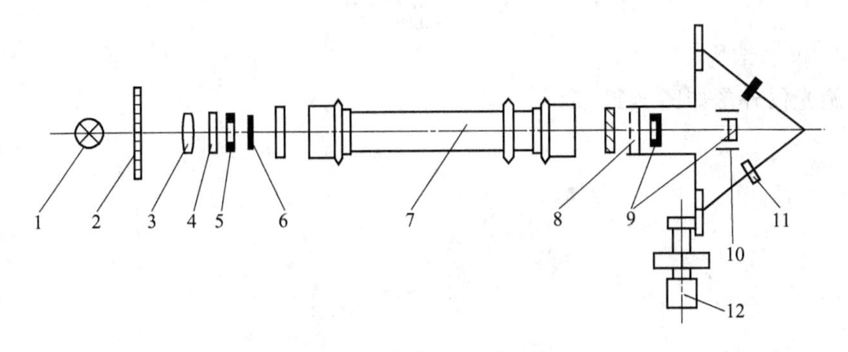

图 3-9　仪器的光学系统

1—光源；2—毛玻璃；3—聚光镜；4—滤色镜；5—起偏镜；6—半波片；
7—试管；8—检偏镜；9—物、目镜组；10—调焦手轮；
11—读数放大镜；12—度盘转动手轮

从光源射出的光线，通过聚光镜、滤色镜经起偏镜成为平面偏振光，在半波片处产生三分视场。通过检偏镜及物镜、目镜组可以观察到如图 3-10 所示的三种情况。转动检偏镜，只有在零度时（仪器出厂前调整好）视场中三部分亮度一致［如图 3-10（b）］。

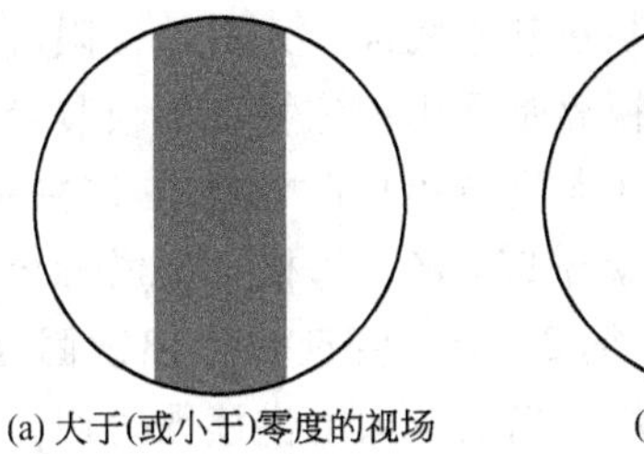

(a) 大于(或小于)零度的视场

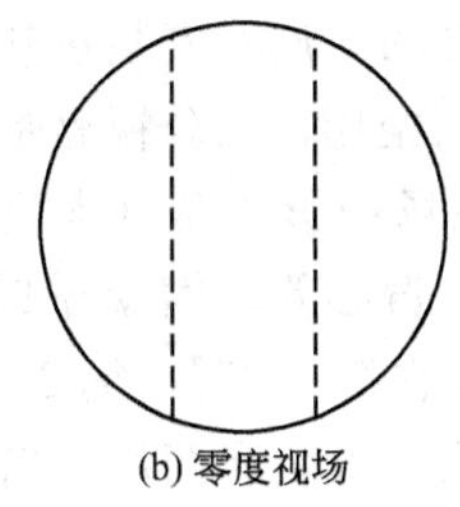

(b) 零度视场

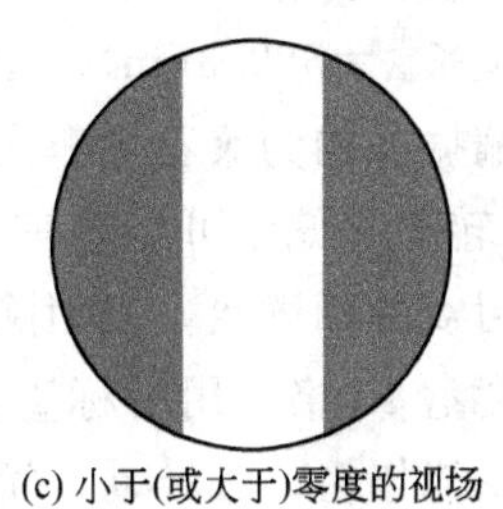

(c) 小于(或大于)零度的视场

图 3-10　观察到三种情况

当放进存有待测溶液的试管后，由于溶液具有旋光性，使平面偏振光旋转了一个角度，零度视场便发生了变化［图 3-10（a）或（c）］。转动检偏镜一定角度，能再次出现亮度一致的视场。这个转角就是溶液的旋光度，它的数值可通过放大镜从度盘上读出。测得溶液的旋光度后，就可以求出物质的比旋光度。根据旋光度的大小，就能确定该物质的纯度和含量了。

比旋光度 $[a]_{\lambda}^{t}$ 的一般公式为：

$$[a]_{\lambda}^{t}=\frac{Q}{lc}\times 100$$

式中　Q——温度 t 时用 λ 光测得的旋光度；

l——试管长度，用分米（1dm＝10cm）作单位；

c——溶液浓度（100mL 溶液中溶质的克数）。

或根据测得的旋光度及已知的比旋度求得溶液的浓度；

$$c=\frac{Q}{l[a]_{\lambda}^{t}}\times 100$$

4. 仪器结构

旋光仪外形如图 3-11 所示。

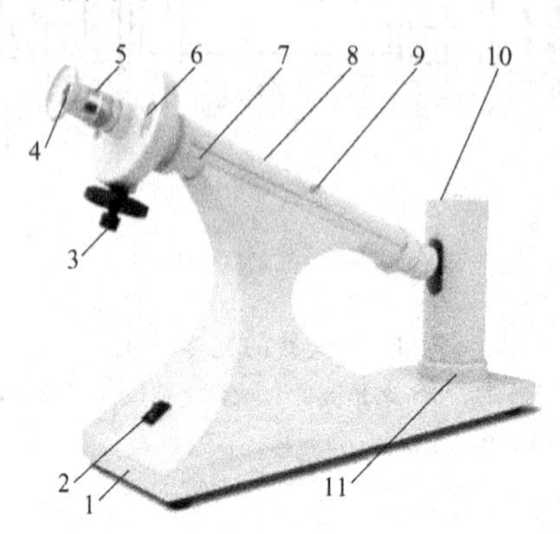

图 3-11 旋光仪结构示意图

1—底座；2—电源开关；3—度盘转动手轮；4—灯座放大镜座；5—视度调节螺旋；6—度盘游标；7—镜筒；8—镜筒盖；9—镜盖手柄；10—灯罩；11—灯座

为便于操作，仪器的光学系统以倾斜 20°安装在基座上。光源采用 20W 钠光灯（波长 λ＝589.3nm）。钠光灯的限流器安装在基座底部，无需外接限流器。仪器的偏振器均为聚乙烯醇人造偏振片，三分视界是采用劳伦特石英板装置（半波片）。转动起偏镜可调整三分视场的影阴角（本仪器出厂时调整在 3°左右）。仪器采用双游标读数，以消除度盘偏心差。度盘分 360 格，每格 1°。游标分 20 格，等于度盘 19 格，用游标直接读数到 0.05°（图 3-12）。度盘和检偏镜固为一体。借手轮能作粗、细转动。游标窗前方装有两块 4 倍的放大镜供读数时用。

5. 使用方法

① 将仪器接于 220V 交流电源。开启电源开关，约五分钟后钠光灯发光正常，就可开始工作。

② 检查仪器零位是否准确。即在仪器未放试管或放进充满蒸馏水的试管时，观察零度时视场亮度是否一致。如不一致，说明有零位误差，应在测量读数中减去或加上该偏差值。或放松度盘盖背面四只螺钉，微微转动度盘盖校正之（只能校正 0.5°左右的误差，严重的应送制造厂检修）。

③ 选取长度适宜的试管，注满待测试液。装上橡皮圈，旋上螺帽，直至不漏水为止。螺帽不宜旋得太紧，否则护片玻璃会引起应力，影响读数的正确性。然后将试管两头残余溶液擦干，以免影响观察清晰度及测定精度。

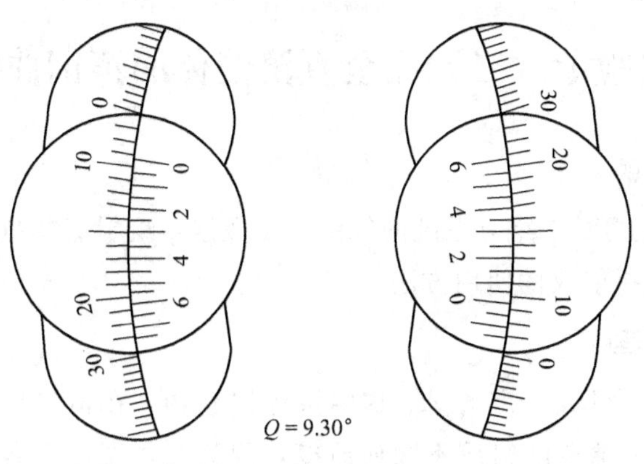

图 3-12　双游标读数

④ 测定旋光读数：转动度盘、检偏镜，在视场中觅得亮度一致的位置，再从度盘上读数。读数是正的为右旋物质；读数为负的为左旋物质。

⑤ 采用双游标读数法可按下列公式求得结果：

$$Q=\frac{A+B}{2}$$

式中 A 和 B 分别为两游标窗读数值。如果 $A=B$，而且度盘转到任意位置都符合等式，则说明仪器没有偏心差（一般出厂前仪器均作过校正），可以不用对项读数法。

⑥ 旋光度和温度也有关系。对绝大多数物质，用 $\lambda=589.3\text{nm}$（钠光）测定，当温度升高 1℃时，旋光度约减少 0.3%，对于要求较高的测定工作，最好能在 20℃±2℃的条件下进行。

6. 仪器的维护

① 仪器应放在通风干燥和温度适宜的地方，以免受潮发霉。

② 仪器连续使用时间不宜超过 4h。如使用时间较长，中间应关熄 10～15min。待钠光灯冷却后再继续使用，或用电风扇吹打，减少灯管受热程度，以免亮度下降和寿命降低。

③ 试管用后要及时将溶液倒出，用蒸馏水洗涤干净，揩干藏好。所有镜片均不能用手直挂揩擦，应用柔软绒布揩擦。

④ 仪器不用时，应将塑料套上，装箱时，应按固定位置放入箱内并压紧之。

实验七　二元完全互溶液体的蒸馏曲线

一、实验目的

1. 测定乙醇-丙醇二组分系统的气液平衡数据，绘制蒸馏曲线。

2. 掌握阿贝折射仪的使用方法。

二、实验原理

纯液体物质，组成一定的 A、B 两液体混合物，在恒定压力下沸点为确定值，液体混合物的沸点随组成不同而改变，因为同样温度下各组分挥发能力不同，即具有不同的饱和蒸气压，故气液平衡时两相的组成通常不同。因此在恒定压力下对不同组成的二组分液体进行蒸馏，测定气液平衡温度及两相馏出物的组成，就可绘制该系统的沸点-组成图（T-x 图），即蒸馏曲线。

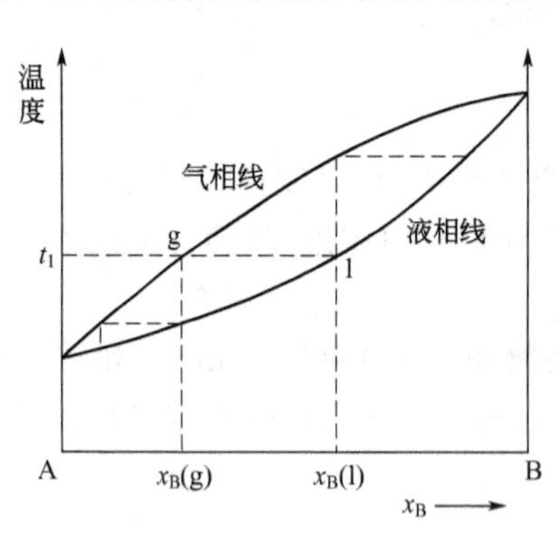

图 3-13　沸点-组成图

本实验绘制乙醇-丙醇的蒸馏曲线，二者的饱和蒸气压对拉乌尔定律偏差较小，在 T-x 图上溶液的沸点始终介于两纯液体沸点之间，如图 3-13 所示。测定混合物的组成有多种方法，本实验采用测定折射率的方法确定组成，因为乙醇、丙醇的折射率相差较大，且它们混合物的折射率与组成有较好的线性关系。其步骤是首先配制一系列已知浓度的标准溶液（丙醇质量分数 ω_B 分别为 0%、10%、20%、30%、40%、50%、60%、70%、80%、90%、100%），在实验温度下分别测定它们的折射率，绘制折射率-组成图，也称工作曲线。然后同样温度下测定待测组分的气液相组分的折射率，最后在工作曲线上查出对应的组成。

液体的折射率与浓度、温度及入射光的波长有关。故应在恒定温度及一定波长光线（一般为钠黄光）下测定。物质的折射率通常用 n_D^t 表示，意指在温度 t 时物质对钠光 D 线（λ=589.3nm）的折射率。

三、仪器与药品

1. 仪器

蒸馏瓶、低压电源、温度计、阿贝折射仪、胶头滴管、恒温槽。

2. 药品

乙醇、丙醇。

四、实验步骤

蒸馏装置如图 3-14 所示。

1. 连接仪器，阿贝折射仪恒温到所需温度。

2. 在干燥的蒸馏瓶里倒入适量乙醇，液面约在支管口下 1cm，安好电阻丝和温度计（二者浸入液面以下且相互不要接触），通冷凝水，开低压电源加热，调滑线变阻器，使电压≤20V，电流≤2A。使液体保持微沸，当沸腾温度保持数分钟后，记录温度计读数，即为纯乙醇沸点。

3. 停止加热，将蒸馏后的液体倒入回收瓶中，待蒸馏瓶及冷凝管中乙醇挥发干后，用上述方法测定纯丙醇的沸点。

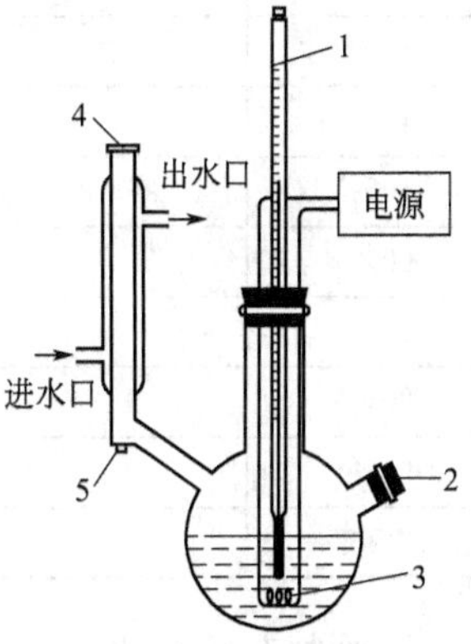

图 3-14　蒸馏装置图

1—温度计；2—进样口；3—电阻丝；4—气相取样口；5—气相冷凝液

4. 将蒸馏后的丙醇倒入回收瓶，可立即依次蒸馏丙醇质量分数分别为 10%、20%、30%、40%、50%、60%、70%、80%、90% 的乙醇-丙醇混合液，记录沸点温度后，停止加热，待温度稍冷后，用长胶头滴管取气相馏出物的冷凝液用阿贝折射仪测定折射率。然后用短胶头滴管取液相馏出物并测定折射率。注意：每种溶液都用专用胶头滴管，不能混用。

5. 工作曲线的测定。利用间隙时间分别测定丙醇质量分数分别为 0%、10%、20%、30%、40%、50%、60%、70%、80%、90%、100%的乙醇-丙醇标准溶液的折射率。

五、数据记录与计算

实验温度：______℃；大气压：______Pa。

1. 标准溶液折射率的测定

ω_B/%	0	10	20	30	40	50	60	70	80	90	100
n_D^t											

2. 绘制蒸馏曲线：用上表数据，在坐标纸上绘制 n_D^t-ω_B（丙醇）图。横坐标每毫米代表 1%，纵坐标每毫米代表 $n_D^t=0.0002$。

3. 乙醇-丙醇系统沸点及气、液相组成的测定

样品编号	沸点	液相		气相冷凝液	
		n_D^t	ω_B(丙醇)/%	n_D^t	ω_B(丙醇)/%
纯乙醇			0		0
10%					
20%					

续表

样品编号	沸点	液相		气相冷凝液	
		n_D^t	ω_B(丙醇)/%	n_D^t	ω_B(丙醇)/%
30%					
40%					
50%					
60%					
70%					
80%					
90%					
纯丙醇			100		100

4. 绘制蒸馏曲线：用上表数据，在坐标纸上绘制蒸馏曲线，横坐标为组成，每毫米代表1%；纵坐标为温度，每毫米代表0.2℃，绘出气相线和液相线。

六、思考题

1. 绘制蒸馏曲线的原理是什么？
2. 如何判断气液相达到平衡？

七、附录

阿贝折射仪的使用方法

1. 仪器结构

仪器的光学部分由望远系统与读数系统两部分组成（图3-15）。

进光棱镜（1）与折射棱镜（2）之间有微小均匀的间隙，被测液体就放在此空隙内。当光线（自然光或白炽光）射入进光棱镜（1）时便在共磨砂面上产生漫反射，使被测液层内有各种不同角度的入射光，经过折射棱镜（2）产生一束折射角均大于临界角 i 的光线。由摆动反光镜（3）将此束光线射入消色散棱镜组（4），此消色散棱镜组是由一对等色散阿米西棱镜组成，其作用是获得一可变色散来抵消由于折射棱镜对不同被测物体所产生的色散。再由望远物镜组（5）将此明暗分界线成像于分划板（7）上，分划板上有十字分划线，通过目镜（8）能看到如图3-16上半部所示的像。光线经聚光镜（12）照明刻度板（11），刻度板与摆动反射镜（10）连成一体，同时绕刻度中心作回转运动。通过反射镜（10）、读数物镜（9）、平行棱镜（6）将刻度板上不同部位折射率示值成像于分划板（7）上（见图3-16下半部所示的像）。

阿贝折射仪结构图见图3-17。底座（14）为仪器的支撑座，壳体（17）固定其上。除棱镜和目镜以外全部光学元件及主要结构封闭于壳体内部。棱镜组固定于壳体上，由进光棱镜、折射棱镜及棱镜座等结构组成，两只棱镜分别用特种黏合剂固定在棱镜座内。5为进光棱镜座，11为折射棱镜座，两棱镜座由转轴

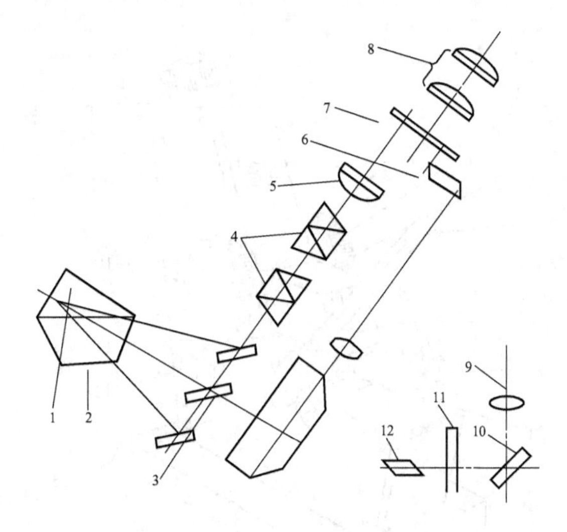

图 3-15　光路示意图

1—进光棱镜；2—折射棱镜；3—摆动反光镜；4—消色散棱镜组；5—望远物镜组；
6—平行棱镜；7—分划板；8—目镜；9—读数物镜；10—反射镜；
11—刻度板；12—聚光镜

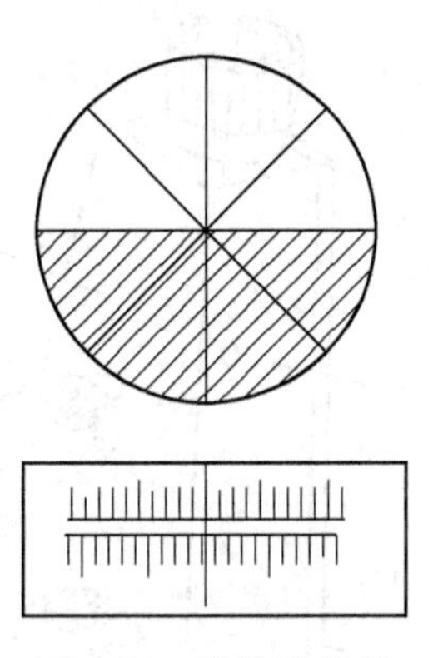

图 3-16　读数示意图

(2) 连接。进光棱镜能打开和关闭，当两棱镜座闭合并用锁紧手轮（10）锁紧时，二棱镜间保持一均匀的间隙，被测液体应充满此间隙。3 为遮光板，18 为四只恒温器接头，4 为温度计，13 为温度计座，可用乳胶管与恒温器连接。1 为反射镜，8 为目镜，9 为盖板，15 为折射率调节手轮，7 为色散值刻度圈，12 为照明刻度盘聚光镜。

2. 使用方法

(1) 准备工作

① 在开始测定前，必须先用标准试样校对读数。对折射棱镜的抛光面加 1～2 滴溴代萘，再贴上标准试样的抛光面，当读数视场指示的数值为标准试样之值时，观察望远镜内明暗分界线是否在十字线中间，若有偏差则用螺丝刀微旋小孔

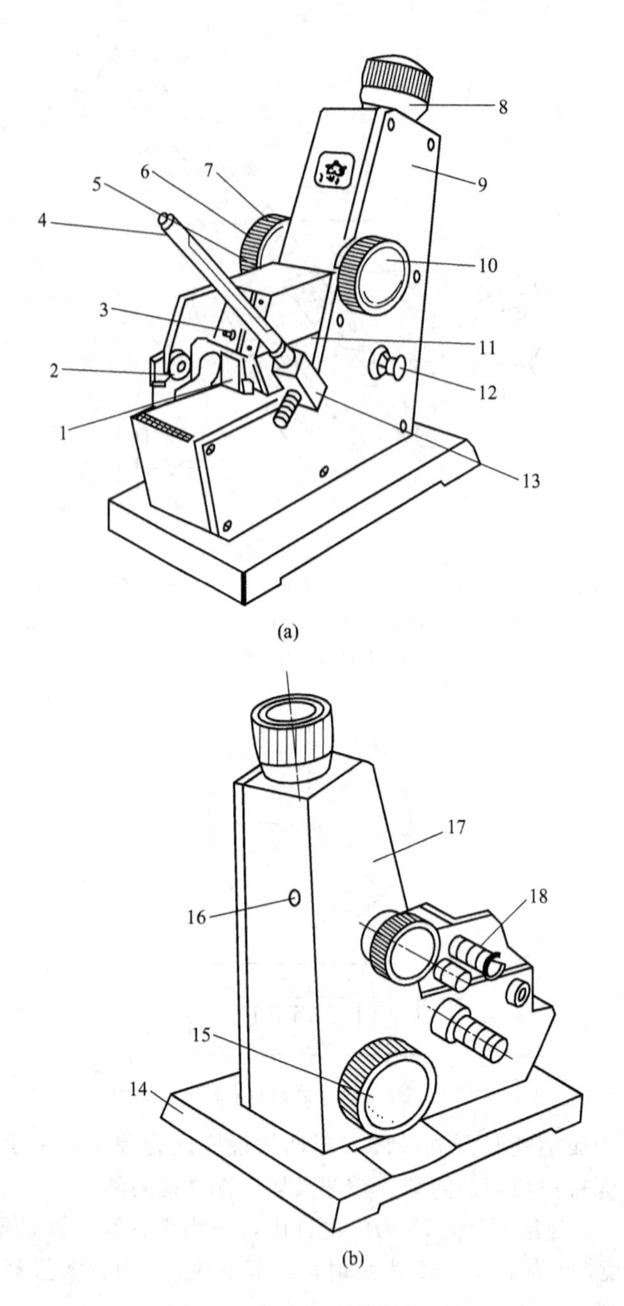

图 3-17 阿贝折射仪结构图

1—反射镜；2—转轴；3—遮光板；4—温度计；5—进光棱镜座；6—色散调节手轮；
7—色散值刻度圈；8—目镜；9—盖板；10—锁紧手轮；11—折射棱镜座；
12—刻度盘聚光镜；13—温度计座；14—底座；15—折射率调节手轮；
16—校准螺钉；17—壳体；18—恒温器接头

内的螺钉，使分界线位移至十字线中心。通过反复的观察和校正，使示值的起始误差降至最小。校正完毕后，在以后的测定过程中不可随意动此部位。

如果在日常的测定工作中，对所测的折射率示值有怀疑时，可按上述方法用标准试样进行检验。

② 每次测定工作之前及进行示值校准时必须将进光棱镜的毛面、折射棱镜的抛光面及标准试样的抛光面，用无水酒精与乙醚（1∶1）的混合液和脱脂棉花轻擦干净，以免留有其他物质，影响成像清晰度和测量精度。

（2）测定工作

① 测定透明、半透明液体。将被测液体用干净滴管加在折射棱镜表面，并将进光棱镜盖上，用手轮（10）锁紧，要求液层均匀，充满视场，无气泡。打开遮光板（3），合上反射镜（1），调节目镜视度，使十字线成像清晰，此时旋转手轮（15）并在目镜视场中找到明暗分界线的位置，再旋转手轮（6）使分界线不带任何彩色，微调手轮（15），使分界线位于十字线的中心，再适当转动聚光镜（12），此时目镜视场下方显示的示值即为被测液体的折射率。

② 测定透明固体。被测物体上需有一个平整的抛光面。把进光棱镜打开，在折射棱镜的抛光面上加 1～2 滴溴代萘，并将被测物体的抛光面擦干净放上去，使其接触良好，此时便可在目镜视场中寻找分界线，瞄准和读数的操作方法如前所述。

③ 测定半透明固体。被测半透明固体上也需有一个平整的抛光面。测量时将固体的抛光面用溴代萘粘在折射棱镜上，打开反射镜并调整角度利用反射光束测量，具体操作方法同上。

④ 测量蔗糖内糖量浓度。操作与测量液体折射率时相同，此读数可直接从视场中示值上半部读出，即为蔗糖溶液含糖量浓度的百分数。

⑤ 测定平均色散值。基本操作方法与测量折射率时相同，只是以两个不同方向转动色散调节手轮（6）时，使视场中明暗分界线无彩色为止，此时需记下每次在色散值刻度圈（7）上指示的刻度值 Z，取其平均值，再记下其折射率 n_D。根据折射率 n_D，在阿贝折射仪色散表的同一横行中找出 A 和 B 值（若 n_D 在表中二数值中间时用内插法求得），再根据 Z 值在表中查出相应的 σ 值。当 $Z>30$ 时 σ 值取负值，当 $Z<30$ 时 σ 值取正值，按照所求出的 A、B、σ 值代入色散公式 $n_F-n_C=A+B\sigma$ 就可求出平均色散值。

⑥ 若需测量在不同温度时的折射率，将温度计旋入温度计座（13）中，接上恒温器的通水管，把恒温器的温度调节到所需测量温度，接通循环水，待温度稳定十分钟后，即可测量。

（3）维护与保养

为了确保仪器的精度，防止损坏，用户应注意维护保养，下列要点仅供参考。

① 仪器应置放于干燥、空气流通的室内，以免光学零件受潮后生霉。

② 当测试腐蚀性液体时应及时做好清洗工作（包括光学零件、金属零件以及油漆表面），防止侵蚀损坏。仪器使用完毕后必须做好清洁工作，放入木箱内，木箱内应存有干燥剂（变色硅胶）以吸收潮气。

③ 被测试样中不应有硬性杂质，当测试固体试样时，应防止把折射棱镜表面拉毛或产生压痕。

实验八　液体表面张力的测定

一、实验目的

1. 掌握鼓泡法测定液体表面张力的原理和技术。

2. 加深对液体表面张力和比表面吉布斯自由能的理解。

二、实验原理

液体内部任何分子周围的吸引力都是平衡的，而表面层的分子处在不平衡的力场中。表面层的每个分子都受到垂直于液面并指向液体内部的力的作用，所以液体表面要自动收缩。反之，如要增大液体表面积，即把液体内部分子移到表面去，就必须反抗这个力做功，增加分子的内能。因此，表面层的分子比内部分子具有较大的位能，这位能就是表面吉布斯自由能。

在恒温、恒压和组成一定的条件下，可逆地使表面积增加 ΔA，所消耗的功 W_M 叫表面功，它与 ΔA 成正比。

$$\text{即 } W_M = \gamma \Delta A \tag{1}$$

式中　γ——比例常数。

恒温恒压时，

$$\Delta G = W_M = \gamma \Delta A \tag{2}$$

式（2）表明在恒温、恒压下，以可逆方式增大表面积时，环境对体系所做的功，转变为表面层所增加的吉布斯自由能（ΔG），通常称为表面吉布斯自由能。γ 则为每增大单位表面积的表面吉布斯自由能，故称 γ 为比表面吉布斯自由能，也可看作为作用在界面上，每单位长度边缘上的力，通常称为表面张力。

液体表面张力与温度有关，温度越高，表面张力越小，临界温度下，气液不分，表面张力趋于零。不同液体表面张力也不同，所以纯净液体中加入杂质，表面张力就要发生变化。

本实验用鼓泡法测定乙醇的表面张力，仪器装置如图 3-18 所示。将待测液装入样品管中，样品管中有一玻璃管，其下端为一段直径为 0.2～0.5mm 的毛细管。使毛细管的端面与液面相切，液面立即沿毛细管上升。打开滴液漏斗的活塞，缓慢滴水，缓慢抽气。此时，毛细管中液面受到的压强大于毛细管中的液面受到的压强，所以毛细管液面逐渐下降。当此压差稍大于毛细管口液体的表面张力时，气泡就从毛细管口被压出。这个最大压差 $P_{最大}$ 可从 U 形压力计中读出。U 形压力计中工作介质为乙醇，用来测定微压差。

$$P_{最大} = P_{大气} - P_{体系} = \Delta h \rho g \tag{3}$$

式中　Δh——U 形压力计两边读数的差值；

ρ——U 形压力计中工作介质的密度。

若毛细管的半径为 r，气泡从毛细管口压出时受到向下作用力为

$$F=\pi r^2 P_{最大}=\pi r^2 \Delta h\rho g \tag{4}$$

而气泡在毛细管口受到表面张力引起的作用力为

$$F'=2\pi r\gamma \tag{5}$$

气泡刚离开毛细管口时，上述两力相等，有 $\pi r^2 \Delta h\rho g=2\pi r\gamma$，得

$$\gamma=1/2r\Delta h\rho g$$

实验中，使用同一支毛细管和同一个压力计，所以 $1/2r\rho g$ 为一个常数，称为仪器常数，用 K 表示。则

$$\gamma=K\Delta h \tag{6}$$

如果将已知表面张力的液体（如蒸馏水）作为标准，由实验测得其 Δh_1 值后，就可求出仪器常数 K 值。然后，用同一套仪器测定待测液体的 Δh_2 值，通过式（6）就可求得待测液体的表面张力 γ。

三、仪器与药品

1. 仪器

分液漏斗、烧杯、三通、锥形瓶、U 形压力计、毛细管、乳胶管。

2. 药品

蒸馏水、乙醇。

四、实验步骤

1. 仔细洗净表面张力仪的各个部分，按图 3-18 连接。在滴液漏斗中装满水，U 形压力计中装入乙醇。

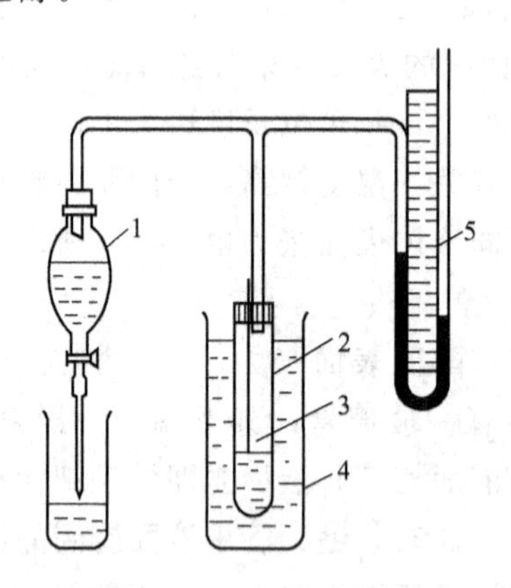

图 3-18 表面张力仪

1—滴液漏斗；2—样品管；3—毛细管；4—恒温槽；5—U 形压力计

2. 样品管中装入蒸馏水，使水面刚与毛细管端面相切，且毛细管与液面垂直。

3. 打开滴液漏斗活塞，让水缓慢滴下，使毛细管口逸出的气泡速度以 5～10s/个为宜。

4. 记录U形压力计两臂液面的最高和最低读数。重复读取三次，取其平均值作为Δh_1。

5. 用待测溶液洗净样品管和毛细管，加入适量的待测溶液于样品管中，按上述方法测出Δh_2值。

五、数据记录与计算

实验温度：______℃；查得____℃下蒸馏水γ=__________

蒸馏水					待测溶液				
次数	U形压力计/mm				次数	U形压力计/mm			
	左臂	右臂	压差	Δh_1		左臂	右臂	压差	Δh_2
1					1				
2					2				
3					3				

仪器常数K=__________

待测溶液γ=__________

六、思考题

1. 为何表面张力仪必须仔细洗净？
2. 温度变化对表面张力有何影响？
3. 毛细管端面为何必须调节到恰好与液面相切？

七、附录

不同温度下水的表面张力

温度/℃	表面张力/(N/m)	温度/℃	表面张力/(N/m)
0	75.6	20	73.05
5	74.9	25	71.97
10	74.22	30	71.18
15	73.49	40	69.56

第四部分　有机化学实验

实验一　熔点的测定

一、实验目的

1. 了解熔点的定义。

2. 掌握熔点的测定方法。

二、实验原理

在大气压力下，化合物受热由固态转化为液态时的温度称为该化合物的熔点(Melting Point，MP)。熔点是固体有机化合物的物理常数之一，通过测定熔点不仅可以鉴别不同的有机化合物，而且还可判断其纯度。

严格地说，所谓熔点指的是在大气压力下化合物的固-液两相达到平衡时的温度。通常纯的有机化合物都具有确定的熔点，而且从固体初熔到全熔的温度范围（称熔程或熔距）很窄，一般不超过0.5～1℃。但是，如果样品中含有杂质，就会导致熔点下降、熔距变宽。因此，通过测定熔点，观察熔距，可以很方便地鉴别未知物，并判断其纯度。显然，这一性质可用来鉴别两种具有相近或相同熔点的化合物究竟是否为同一化合物。方法十分简单，只要将这两种化合物混合在一起，并观测其熔点。如果熔点下降，而且熔距变宽，那必定是两种性质不同的化合物。需要指出的是，有少数化合物，受热时易发生分解。因此，即使其纯度很高，也不具有确定的熔点，而且熔距较宽。

三、仪器与药品

1. 仪器

提勒（Thiele）熔点管、温度计（200℃）、表面皿、玻璃管（0.5cm×40cm)、酒精灯、铁架台、毛细管、橡皮圈。

2. 药品

苯甲酸（A.R.)、乙酰苯胺（A.R.)、粗甘油（热浴用，可用液体石蜡、浓硫酸或磷酸代替)。

四、实验步骤

取0.1～0.2g样品，放在干净的表面皿上，聚成小堆，将毛细管的开口端插入样品堆中，使样品挤入管内，把开口一端向上竖立，轻敲管子使样品落在管底；也可把装有样品的毛细管，通过一根（长约40cm）直立于表面皿上的玻璃管，从玻璃管口上端使样品掉到表面皿，重复几次，至样品的高度约 2～3mm 为止。样品要装得均匀、结实，如果有空隙，不易传热，影响结果。然后将熔点管用橡皮圈固定在温度计上，试料应靠在水银球中部，如图 4-1 所示。

图 4-1　熔点管的位置

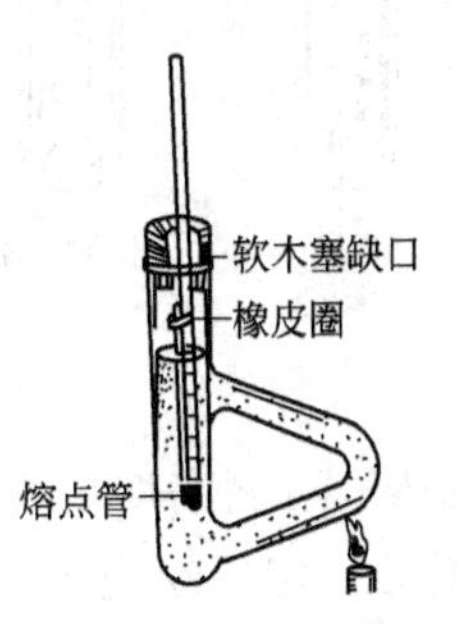

图 4-2　熔点测定装置

图 4-2 是利用 Thiele 管（又叫 b 形管）来测定熔点，首先，是将熔点测定管夹在铁架台上，然后装入浓硫酸于熔点测定管中至高出侧管的下沿时即可，熔点测定管口配一缺口单孔橡皮塞，温度计插入孔中，刻度应向橡皮塞缺口。把毛细管附着在温度计旁。温度计插入熔点测定管中的深度以水银球恰在熔点测定管的两侧管的中部为宜。

为了准确地测定熔点，加热的时候，特别是在加热到接近试料的熔点时，必须使温度上升的速度缓慢而均匀，对于每一种试料，至少要测定两次。第一次升温可较快，每分钟可上升 5℃左右。这样可以得到一个近似的熔点。然后把热浴冷却下来至少 30℃，换一根装试料的熔点管（每根装试料的熔点管只能用一次）做第二次测定。

进行第二次熔点测定时，开始时升温可稍快（开始时每分钟上升 5℃），待温度到达比熔点低约 10℃时，再调小火焰，使温度缓慢而均匀地上升（每分钟上升约 1℃），注意观察熔点试料的变化，当熔点管中试料开始塌落和有湿润现象，出现小滴液体时，表示试料已开始熔化，为初熔，记下温度，继续微热至微量固体试料消失成为透明液体时，为全熔，记下温度，即为该化合物的熔程。记录熔点时，要记录开始熔融和完全熔融时的温度，例如 123～125℃，决不可仅记录这两个温度的平均值，例如 124℃。固体熔化过程参见图 4-3。物质越纯粹，这两个温度的差距就越小。如果升温太快，测得的熔点范围差距就越大。

实验测定完毕，把温度计放好，让其自然冷却至接近室温时用废纸擦去硫酸，才可用水冲洗。否则，容易发生水银柱断裂，待热硫酸冷却后，方可倒回瓶中。

五、注意事项

1. 用提勒熔点测定管测定熔点是实验室中常用的一种测定熔点的方法。此外，还可采用显微熔点测定仪或数字熔点仪。其中，用显微熔点测定仪测定熔点

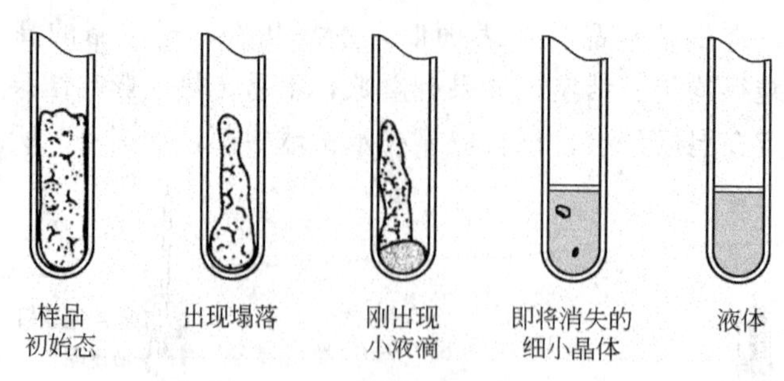

图 4-3 固体样品的熔化过程

具有使用样品少、可测高熔点样品、可观察样品在受热过程中的变化等特点。

2. 待测样品一定要经充分干燥后再测定熔点。否则，含有水分的样品会导致其熔点下降、熔距变宽。另外，样品还应充分研细，装样要致密均匀，否则，样品颗粒间传热不匀，也会使熔距变宽。

3. 导热介质的选择可根据待测物质的熔点而定。若熔点在 95℃以下，可以用水作导热液；若熔点在（95～220)℃范围内，可选用液体石蜡油；若熔点温度再高些，可用浓硫酸（250～270℃)，但需注意安全。

4. 在向提勒熔点测定管注入导热液时不要过量。要考虑到导热液受热后，其体积会膨胀的因素。另外，用于固定熔点管的细橡皮圈不要浸入导热液中，以免溶胀脱落。

5. 样品经测定熔点冷却后又会转变为固态，由于结晶条件不同，会产生不同的晶型。同一化合物的不同晶型，它们的熔点常常不一样。因此，每次测熔点都应该使用新装样品的熔点管。

实验二　微量法测定沸点

一、实验目的

1. 了解沸点的定义。

2. 掌握微量法测定沸点的方法。

二、实验原理

某种液体物质在一定的温度下，必定有一个与之平衡的蒸气压，此项蒸气压随温度的改变而改变。温度上升蒸气压也随之上升，当达到某一温度时，液体的蒸气压与大气压相等，此时液体内部的蒸气可以自由地逸出液面，因而出现沸腾现象。因此，当液体的蒸气压与标准大气压相等时的温度，称为这一液体的沸点。

三、主要试剂及物理性质

乙醇（沸点 78.15℃）、丙酮（沸点 56.1℃）、液体石蜡（透明无色）。

四、实验步骤

取一支直径为 1cm、长约 10cm 的小试管作为装试料的外管；另取长约 120mm、内径约 1mm 的一端封口的毛细管作为内管。

装试料时，可用吸管把试料装入外管，试料的高度应为 6～8mm，将外管用橡皮圈固定在温度计上，如图 4-4 所示。然后把内管开口朝下插入外管里，这样就有少量液体吸入管内。与熔点测定时一样，把沸点管和温度计放入待测定用的浴液器皿中（图 4-5）。

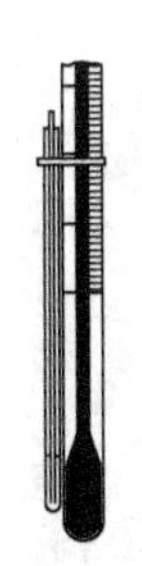

图 4-4　微量法沸点测定管

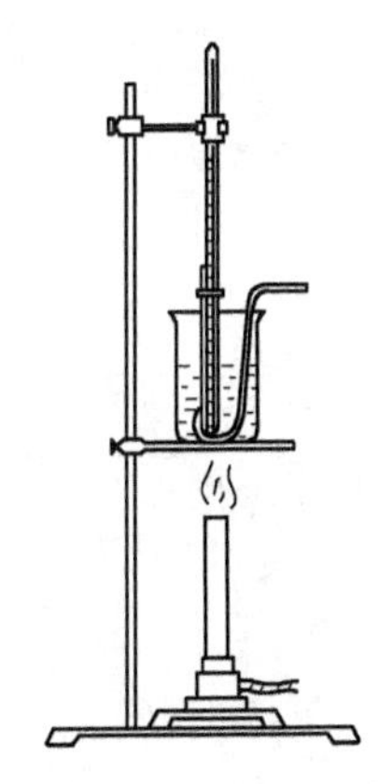

图 4-5　微量法沸点测定装置

将热浴在石棉网上慢慢地加热，为使温度均匀地上升，可用环形搅拌棒上下搅拌。当温度到达比沸点稍高的时候，可以看到从内管中有一连串的小气泡不断地逸出。此时停止加热，让热浴慢慢冷却。当液体开始不冒气泡和气泡将要缩入内管时的温度即为该液体的沸点，记录下这一温度。这时液体蒸气压与外界大气压相等。

五、注意事项

1. 测定沸点时，加热不应过猛，尤其是在接近样品的沸点时，升温更要慢一些，否则沸点管内的液体会迅速挥发而来不及测定。

2. 如果在加热测定沸点过程中，没能观察到一连串小气泡快速逸出，可能是沸点内管封口没封好之故。此时，应停止加热，换一根内管，待导热液温度降低 20℃后即可重新测定。

六、思考题

用微量法测定沸点，为什么把最后一个气泡刚欲缩回至内管的瞬间的温度作为该化合物的沸点？

实验三 蒸 馏

一、实验目的

1. 掌握蒸馏的基本原理。

2. 掌握蒸馏操作的实验装置及操作方法。

二、实验原理

液态物质受热沸腾化为蒸气，蒸气经冷凝又转变为液体，这个操作过程就称作蒸馏（Distillation）。蒸馏是纯化和分离液态物质的一种常用方法，通过蒸馏还可以测定纯液态物质的沸点。

纯的液态物质在一定压力下具有确定的沸点，不同的物质具有不同的沸点。蒸馏操作就是利用不同物质的沸点差异对液态混合物进行分离和纯化。当液态混合物受热时，由于低沸点物质易挥发，首先被蒸出，而高沸点物质因不易挥发或挥发出的少量气体易被冷凝而滞留在蒸馏瓶中，从而使混合物得以分离。不过，只有当组分沸点相差在30℃以上时，蒸馏才有较好的分离效果。如果组分沸点差异不大，就需要采用分馏操作对液态混合物进行分离和纯化。

需要指出的是，具有恒定沸点的液体并非都是纯化合物，因为有些化合物相互之间可以形成二元或三元共沸混合物，而共沸混合物是不能通过蒸馏操作进行分离的。通常，纯化合物的沸程（沸点范围）较小（0.5～1℃），而混合物的沸程较大。因此，蒸馏操作既可用来定性地鉴定化合物，也可用以判定化合物的纯度。

三、仪器与药品

1. 仪器

蒸馏烧瓶、蒸馏头、直形冷凝管、接液管、接受瓶、温度计、水浴锅、铁架台。

2. 药品

工业酒精、无水乙醇、蒸馏水。

四、实验步骤

安装好蒸馏烧瓶、直形冷凝管、接引管和接受瓶（图4-6），然后将待蒸馏液体通过漏斗从蒸馏烧瓶颈口加入到瓶中，投入1～2粒沸石，再配置温度计。

接通冷凝水，开始加热，使瓶中液体沸腾。调节火焰，控制蒸馏速度，以1～2滴/s为宜。在蒸馏过程中，注意温度计读数的变化，记下第一滴馏出液流出时的温度。当温度计读数稳定后，另换一个接受瓶收集馏分。如果仍然保持平稳加热，但不再有馏分流出，而且温度会突然下降，这表明该段馏分已近蒸完，需停止加热，记下该段馏分的沸程和体积（或质量）。馏分的温度范围愈小，其纯度就愈高。

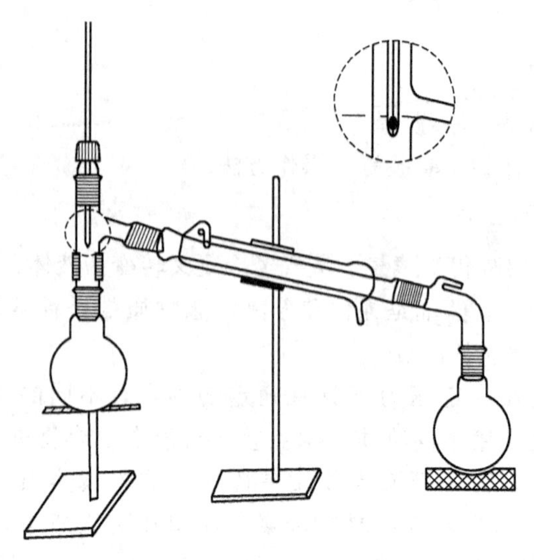

图 4-6 简单蒸馏装置

有时，在有机反应结束后，需要对反应混合物直接蒸馏，此时，可以将三口烧瓶作蒸馏瓶组装成蒸馏装置直接进行蒸馏。

五、注意事项

1. 蒸馏烧瓶大小的选择依待蒸馏液体的量而定。通常，待蒸馏液体的体积约占蒸馏烧瓶体积的 1/3～2/3。

2. 当待蒸馏液体的沸点在 140℃以下时，应选用直形冷凝管；沸点在 140℃以上时，就要选用空气冷凝管，若仍用直形冷凝管则易发生爆裂。

3. 如果蒸馏装置中所用的接引管无侧管，则接引管和接受瓶之间应留有空隙，以确保蒸馏装置与大气相通。否则，封闭体系受热后会引发事故。

4. 沸石是一种多孔性的物质。当液体受热沸腾时，沸石内的小气泡就成为气化中心，使液体保持平稳沸腾。如果蒸馏已经开始，但忘了投沸石，此时千万不要直接投放沸石，以免引发暴沸。正确的做法是，先停止加热，待液体稍冷片刻后再补加沸石。

5. 蒸馏低沸点易燃液体（如乙醚）时，千万不可用明火加热，此时可用热水浴加热。在蒸馏沸点较高的液体时，可以用明火加热。明火加热时，烧瓶底部一定要放置石棉网，以防因烧瓶受热不匀而炸裂。

6. 无论何时，都不要使蒸馏烧瓶蒸干，以防意外。

实验四　苯甲酸的重结晶

一、实验目的

1. 学习和熟悉固体溶解、热过滤、减压过滤等基本操作。

2. 通过苯甲酸重结晶实验，理解固体有机物重结晶提纯的原理及意义。

二、实验原理

从自然界或由有机合成得到的固体有机物，常用重结晶进行提纯。固体物质的溶解度多数随着温度的升高而增大，将有机物溶解在热的溶剂中制成饱和溶液，冷却后，由于溶解度减小，溶质又重新成晶体析出，故称重结晶。重结晶通常是用溶解的方法把晶体结构破坏，然后改变条件让晶体重新形成，利用被提纯物质和杂质在溶剂中的溶解度不同除去杂质的一种操作过程，一般适用于纯化杂质含量在5%以下的固体有机物。

晶体颗粒大小均匀适当，有利于物质的纯化。晶体太细，其表面积很大，吸附的杂质也多，同时形成稠厚的糊状物，夹带母液较多，不易洗净。晶体过大(直径超过2mm)，会在晶体内夹杂母液，干燥困难，即使干燥后也有杂质留在里面。因此操作时要注意结晶条件。

重结晶一般的过程是：①选择适宜的溶剂在将近溶剂沸点的温度下，将欲提纯的固体溶解；②将溶液热滤，除去不溶性杂质，如溶液中含有色杂质，则用活性炭脱色后一起热滤；③冷却滤液，析出晶体；④吸滤，分出晶体，可溶性杂质留在母液中；⑤洗涤晶体，除去附着的母液，干燥后测定熔点，如纯度不合格，可再进行一次重结晶。

三、仪器与药品

1. 仪器

烧杯、酒精灯、热漏斗、滤纸、无颈漏斗、布氏漏斗、抽滤瓶、表面皿、玻棒、量筒、水循环真空泵。

2. 药品

苯甲酸、活性炭。

四、基本操作

1. 选择溶剂

正确选择溶剂是进行重结晶的前提，对于确保重结晶纯化目的的实现，具有重要的意义。理想的重结晶溶剂应具备以下条件。

① 不与被提纯物质发生化学反应。

② 提纯物质在该溶剂中的溶解度，随温度的变化有显著的差异。一般在溶剂沸点附近的溶解度比室温时至少要大3倍。

③ 溶剂对被提纯物和杂质的溶解度差异较大。最好是杂质在热溶剂中的溶解度很小（热过滤时可除去）。或者在低温时溶解度很大，冷却后不会随样品结晶出来。

④ 被提纯物质在溶剂中能够形成良好的结晶。

⑤ 溶剂容易挥发，易与结晶分离，便于蒸馏回收，沸点一般在 30～50℃之间为宜。注意，溶剂的沸点不得高于被提纯物的熔点，否则当溶剂沸腾时，样品会熔化为油状，给纯化带来麻烦。

⑥ 纯度高，价格低，易得到，毒性小，使用安全。

溶剂的选择，目前尚无可靠的规律可循，但“相似相溶”原则在粗选时还是适用的。

具体选择最佳溶剂还应通过实验筛选，方法如下：取 0.1g 待提纯的固体物质置于试管中，加入 1mL 待选溶剂，振摇。如在室温下样品全溶解，则说明溶解度过大，不能使用；如不溶，可加热至沸，振荡后观察，还不溶时，可分批每次加入 0.5mL 溶剂，每次加液后均加热煮沸，振荡观察，记录所用溶剂的毫升数，当总量达 3mL 后仍不溶解，说明试样在该溶剂中难溶，也不适用；只有当溶剂的量在 2～3mL 内，试样能全溶于沸腾的溶剂中，且在冷却后有较多的结晶析出者，方可作为结晶的候选溶剂。通常要做出几种溶剂试验，相互比较，选出结晶速度适当、产率高者作为最佳溶剂。表 4-1 列出了常用重结晶溶剂，可供参考。

表 4-1　常用的重结晶溶剂

溶剂名称	沸点/℃	相对密度	冰点/℃	与水的混溶性	易燃性
水	100.0	1.00	0	+	0
甲醇	64.96	0.79	<0	+	+
95%乙醇	78.1	0.79	<0	+	++
冰醋酸	117.9	1.05	16.7	+	+
丙酮	56.1	0.79	<0	+	+++
乙醚	34.6	0.71	<0	−	++++
石油醚	30～60	0.68～0.72	<0	−	++++
	60～90		<0	−	++++
环已烷	80.8	0.78	4-7	−	++++
苯	80.1	0.88	<0	−	++++
甲苯	110.6	0.87	<0	−	++++
乙酸乙酯	77.1	0.90	<0	−	+++
二氧六环	101.3	1.03	11.8	+	++++

续表

溶剂名称	沸点/℃	相对密度	冰点/℃	与水的混溶性	易燃性
二氯甲烷	40.8	1.34	<0	—	0
二氯乙烷	83.8	1.25	<0	—	++++
三氯甲烷	61.2	1.49	<0	—	0
四氯甲烷	76.8	1.58	<0	—	0

如果筛选不到一种合适的单一溶剂，可考虑使用混合溶剂。混合溶剂的筛选方法如下：选用两种互溶的溶剂，其中一种必须对样品是易溶的，另一种则是难溶或不溶的。将少量的样品溶于易溶的溶剂中，然后向其中逐渐加入已预热的难溶溶剂，至溶液刚好出现浑浊为止。再滴加 1～2 滴易溶溶剂，使浑浊消失，冷却，结晶析出，则这种溶剂适用。记录两种溶剂的体积比。实际操作时，可按上述程序进行，也可按比例配制好后使用。

2. 热溶液的配制

将一定量待重结晶的物质置于锥形瓶中，加入比需要量的溶剂（根据查得的溶解度数据或溶解度试验方法所得的结果估计得到）稍少的适宜溶剂，加热至沸腾。若未完全溶解时，可逐次补加少量溶剂，每次加入后均需再加热使溶剂沸腾，直至物质完全溶解为止。但要注意判断是否有杂质存在，以免误加入溶剂过量。

3. 热过滤

过滤有常压和减压两种，其基本要求是避免溶液在过滤过程中出现结晶，因此，应尽可能缩短过滤时间和采取过滤过程中的溶液保温措施。

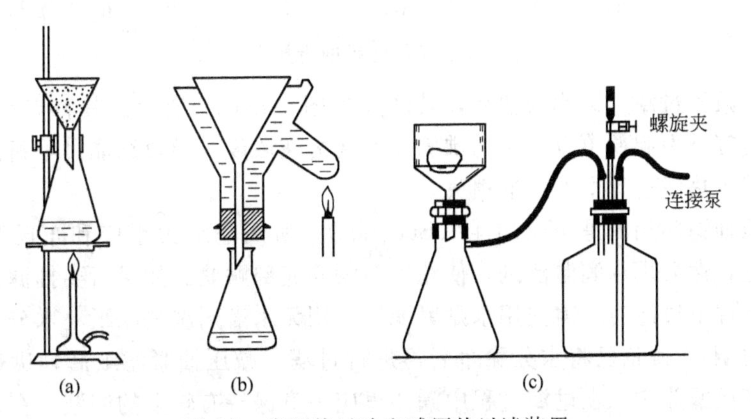

图 4-7　常压热过滤和减压热过滤装置

(1) 常压热过滤　这是利用折叠滤纸和预热的短颈玻璃漏斗进行的重力过滤法。漏斗预热方法有两种：沸腾溶剂直接预热，适用于水溶剂，装置见图 4-7(a)；用保温热水漏斗套保温过滤，适用于所有溶剂，装置及加热方法见图 4-7

(b)。保温漏斗夹层中的水量一般为其容积的 2/3。过滤前应预先将其加热到所需要的温度，然后熄灭火源即可起到保温过滤作用。

为了提高过滤速度，滤纸需要经过折叠以增加其过滤的表面积。滤纸的折叠形状很多，扇形滤纸是其中常用的一种，其折叠方法（图 4-8）是：将圆形滤纸连续对折两次，使其形成边 1、2 和边 3；打开滤纸至 1/2 对折状即半圆状，继而分别将边 2 和边 3、边 1 和边 3 对折，使其形成边 4 和边 5［图 4-8（a)］；再打开至半圆状，依次再将每等分对折，使其分别形成边 6、边 7、边 8 和边 9［图 4-8（b）和图 4-8（c)］；将半圆状的八等分依次按折痕交替向相反方向对折成 16 等分，得到像扇形一样的排列［图 4-8（d)］，将其打开成图 4-8（e）状；最后，将边 1 和边 2 处的折痕相同的折面分别向相反方向对折一次，即得到一个菊花形滤纸［图 4-8（f)］。使用前应将滤纸翻转并整理好后再放入漏斗中，这样可以避免被手指弄脏的一面接触过滤过的滤液。

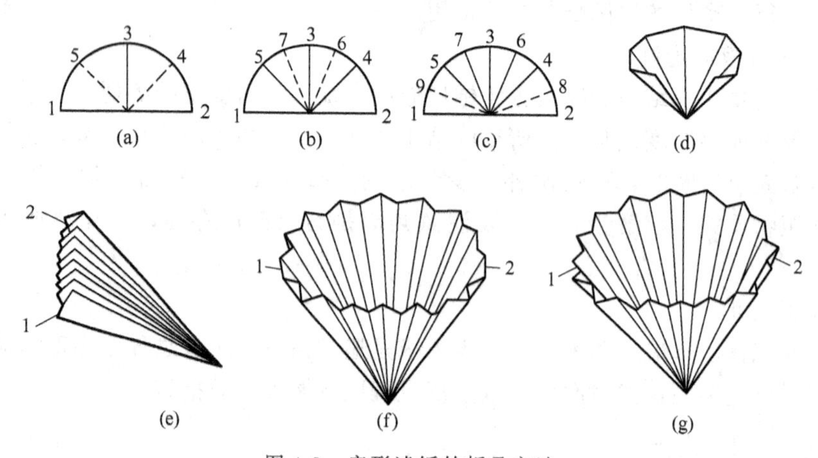

图 4-8 扇形滤纸的折叠方法

（2）减压过滤 又称为抽滤，其装置如图 4-7（c）所示。其特点是过滤快，但缺点是容易引起低沸点溶液的沸腾而改变溶液浓度，导致结晶过早析出，所以要尽量减少热滤过程中的溶剂损失。

减压抽滤使用的是布氏漏斗（Buchner）。所用滤纸大小应和布氏漏斗底部恰好合适，然后用水润湿滤纸，使滤纸与漏斗底部贴紧。如果所要抽滤样品需要在无水条件下过滤时，需先用水贴紧滤纸，用无水溶剂洗去滤纸上水分（例如用乙醇或丙酮），确信已将水分除净后再进行过滤。减压抽紧滤纸后，迅速将热溶液倒入布氏漏斗中，在过滤过程中漏斗里应一直保持有较多的溶液。在未过滤完以前不要抽干，同时瓶内压力不宜抽得过低，为防止由于压力过低，溶液沸腾而沿抽气管跑掉，可用手稍稍捏住抽气管，使吸滤瓶中仍保持一定的真空度，而能继续迅速抽滤。

4. 结晶的析出

滤液室温冷却，溶液将慢慢析出结晶。迅速冷却将导致结晶颗粒较细，结晶会吸附杂质；结晶速度过慢，将导致晶体颗粒过大，结晶中会包藏有溶液和杂质，不仅降低纯度，还会给干燥带来麻烦。

如果溶液冷却后仍未有结晶析出，可用玻璃棒摩擦瓶壁促使晶体形成，也可以加入几粒不纯的晶体，或取出少量溶液，使其挥发得到结晶，再加到溶液中去(即所谓晶种)，进行诱导，使结晶析出。如果溶液中析出油状物，这时可用玻璃棒摩擦器壁促使结晶或固化，否则需要改换溶剂或用量，再行结晶。

5. 结晶的过滤和洗涤

用抽滤法将结晶和溶液分离，所得滤液称为母液，瓶中残留的结晶可用少量母液冲洗数次并转移至布氏漏斗中，把母液抽尽，必要时可用玻璃塞或镍刮刀把结晶压紧，以便抽干结晶吸附的含杂质的母液。然后打开安全瓶活塞停止抽气，滴加少量的洗涤液。如果结晶较多且又紧密时，加入洗涤液后，可用镍刮刀将结晶轻轻掀起并加以搅动（切勿使滤纸松动或破裂），使全部结晶湿润，然后抽干以增加洗涤效果。用刮刀将结晶移至干净的表面皿上进行干燥。

五、实验步骤

1. 饱和溶液的配制

称取 2g 粗苯甲酸，加入到 150mL 烧杯中，加入 120mL 水和几粒沸石，盖上合适的小漏斗或表面皿，在石棉网上加热至沸，并用玻璃棒不断搅动，观察固体溶解情况，如溶解不完，可加入少量的水，直到溶解完全为止（不溶性杂质除外）。如有颜色，可冷却溶液后加入适量活性炭，搅拌后再加热煮沸 5～10min。

2. 保温过滤

利用预先加热到约 100℃的保温漏斗进行保温过滤。如一次未能倒完溶液，需注意加热保温。过滤完后，用少量热水洗涤锥形瓶和残渣。静置滤液，使其自然结晶。

3. 固液分离

用布氏漏斗抽滤后，用少量热蒸馏水洗涤结晶，抽滤吸干，并如此重复两次。

4. 结晶干燥

将结晶摊放在表面皿或滤纸上，放入 80℃以下烘箱中干燥。称重，计算回收率，测定熔点。

六、注意事项

1. 溶剂的量要适当，公认的原则是，按饱和溶液的需要量多加 20%，这是一个参考值，在实际工作中，主要根据实验来确定。

2. 若溶液中有颜色或树脂状悬浮液时，可以加入 1%～5%的活性炭进行脱色。活性炭的量不宜过多，加入时应注意样品必须溶解完全，且在溶液稍冷之后再加入。活性炭绝对不可以加到正在沸腾的溶液中，否则将造成暴沸！此后，再加热 5～10min。

3. 使用易燃、有毒溶剂时，应注意装上回流冷凝管并避免使用明火加热。

4. 漏斗一定要事先在烘箱中预热，即取即用。

5. 活性炭绝对不可加到正在沸腾的溶液中，否则将会出现暴沸现象！

七、思考题

1. 重结晶纯化有机物的依据是什么？

2. 某有机化合物重结晶时，理想溶剂应具备哪些性质？

3. 将溶液进行热过滤时，为什么要尽可能减少溶剂挥发？如何减少？

实验五　溴乙烷的制备

一、实验目的

1. 学习以结构上相对应的醇为原料制备一卤代烷的实验原理和方法。

2. 掌握低沸物蒸馏的基本操作和分液漏斗的使用方法。

二、实验原理

醇和氢溴酸作用可以生成溴代烷，而氢溴酸通过溴化钠与硫酸反应生成。

主反应：

$$NaBr + H_2SO_4 \longrightarrow HBr + NaHSO_4$$

$$C_2H_5OH + HBr \xrightleftharpoons{H_2SO_4} C_2H_5Br + H_2O$$

副反应：

$$2C_2H_5OH \xrightarrow{H_2SO_4} C_2H_5OC_2H_5 + H_2O$$

$$C_2H_5OH \xrightarrow{H_2SO_4} C_2H_4 + H_2O$$

$$2HBr + H_2SO_4 \longrightarrow Br_2 + 2H_2O + SO_2$$

三、仪器与药品

1. 仪器

250mL 圆底烧瓶、直形冷凝管、接液管、温度计、蒸馏头、分液漏斗、锥形瓶。

2. 药品

乙醇（95%）10mL（0.17mol）、溴化钠（无水）15g（0.15mol）、浓硫酸（d=1.84g/cm^3）19mL、饱和亚硫酸氢钠 5mL。

四、实验步骤

1. 溴乙烷的粗制

在 250mL 圆底烧瓶中，放入 20mL 95%乙醇及 18mL 水，在不断振荡和冷却下，缓缓加入浓硫酸 38mL，混合物必须冷却至室温，再加入研细的溴化钠 26g 和几粒沸石。按图 4-6 装配成蒸馏装置，接受器内外均应放入冰水混合物，以防止溴乙烷的挥发损失。接液管末端应浸没在接受器内液面以下。

通过恒温水浴加热烧瓶，使反应平稳地发生，直到接受器内无油滴滴出为止。约 40min 左右，反应即可结束。此时必须趁热将反应瓶内的无机盐硫酸氢钠倒入废液缸内，以免因冷却结块而给洗涤烧瓶带来困难。

2. 溴乙烷精制

将馏出液（粗制溴乙烷）小心地倒入分液漏斗中，分出有机层（哪一层?）置于干净的三角烧瓶中（三角烧瓶最好浸在冰水中），在振荡下逐滴滴入浓硫酸以除去乙醚、水、乙醇等杂质，滴加硫酸 2～4mL，使溶液明显分层。再用分液漏斗分去硫酸层（是上层还是下层?）。

经硫酸处理后的溴乙烷转入 50mL 蒸馏烧瓶中，加入沸石，在水浴上加热蒸馏，为避免损失，接受器须浸在冰水中。收集 36～40℃的馏分，产量约 20g。

纯溴乙烷为无色液体，沸点 38.4℃，密度 1.461g/mL，折光率 1.4239。

3. 测试与检验

卤代烃及其衍生物都与硝酸银作用生成卤化银沉淀：

$$RX + AgNO_3 \longrightarrow AgX\downarrow + RONO_2$$

取 0.5mL $AgNO_3$ 酒精溶液，放入洗净干燥的试管中，加入 2 滴新制的溴乙烷，振荡后，再静置约 3min，观察有无沉淀。如不析出沉淀，在水浴中温热 2～3min，再观察现象。

五、注意事项

1. 溴化钠要先研细，在振摇下加入，以防止结块而影响反应进行，如用含结晶水的溴化钠（$NaBr \cdot 2H_2O$），其用量按摩尔数换算，并相应地减少加入的水量。

2. 加热不均或过烈时，会有少量的溴分解出来使蒸出的油层带棕黄色，为防止此现象的发生，应在反应物混合时，严格地将温度控制在室温。

3. 在反应过程中，一旦接受器中的液体倒吸进入冷凝管时，应暂时把接受器放低，使接液管的下端露出液面，即可排出。

4. 反应结束，烧瓶中残液由浑浊变为清亮透明。应趁热将残液倒出，以防硫酸氢钠冷却结块，不易倒出。

5. 要避免将水带入分出的溴乙烷中，否则加硫酸处理时将产生较多的热量而使溴乙烷挥发损失。

六、思考题

1. 粗产品中可能有什么杂质？说明是如何除去的？

2. 如果你的实验结果产率不高，试分析其原因。

实验六　环己烯的制备

一、实验目的

掌握以浓磷酸催化环己醇脱水制备环己烯的方法，学习分馏及蒸馏操作。

二、实验原理

烯烃是重要的有机化工原料。工业上主要通过石油裂解的方法制备烯烃，有时也利用醇在氧化铝等催化剂存在下，进行高温催化脱水来制取，实验室里则主要用浓硫酸、浓磷酸做催化剂使醇脱水或卤代烃在醇钠作用下脱卤化氢来制备烯烃。

本实验采用浓磷酸做催化剂使环己醇脱水制备环己烯。

主反应式：

$$\text{环己醇(C}_6\text{H}_{11}\text{OH)} \xrightarrow{H_3PO_4} \text{环己烯} + H_2O$$

三、仪器与药品

1. 仪器

50mL 圆底烧瓶、分馏柱、直形冷凝管、100mL 分液漏斗、100mL 锥形瓶、蒸馏头、接液管。

2. 药品

环己醇 10.0g（10.4mL，0.1mol）、浓磷酸 4mL、氯化钠、无水氯化钙、5％碳酸钠水溶液。

实验装置如图 4-9 所示。

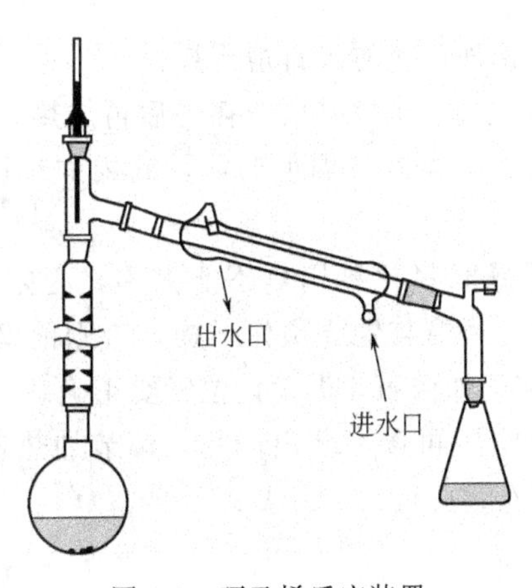

图 4-9　环己烯反应装置

四、实验步骤

按图 4-9 装好反应装置，在 50mL 干燥的圆底烧瓶中加入 10g 环己醇、4mL 浓磷酸和几粒沸石，充分摇振使之混合均匀。

将烧瓶在恒温水浴内缓缓加热至沸，控制分馏柱顶部的溜出温度不超过 90℃，馏出液为带水的浑浊液。至无液体蒸出时，可升高加热温度，当烧瓶中只剩下很少残液并出现阵阵白雾时，即可停止蒸馏。

将馏出液用氯化钠饱和，然后加入 3～4mL 5%的碳酸钠溶液中和微量的酸。将液体转入分液漏斗中，振摇（注意放气操作）后静置分层，打开上口玻塞，再将活塞缓缓旋开，下层液体从分液漏斗的活塞放出，产物从分液漏斗上口倒入一干燥的小锥形瓶中，用 1～2g 无水氯化钙干燥。

待溶液清亮透明后，小心滤入干燥的小烧瓶中，投入几粒沸石后用水浴蒸馏，收集 80～85℃的馏分于一已称量的小锥形瓶中。

五、检验与测试

1. 溴的四氯化碳溶液试验

将试管内放入 1mL 5%的溴的四氯化碳溶液，然后一滴一滴地滴加样品，并随时摇动，观察颜色变化。

2. 高锰酸钾溶液试验

将 5 滴样品滴入 2mL 水中，再加入 0.1%高锰酸钾溶液，同时摇动试管，观察产物颜色变化。

六、注意事项

1. 投料时应先投环己醇，再投浓磷酸；投料后，一定要混合均匀。
2. 反应时，控制温度不要超过 90℃。
3. 干燥剂用量要合理。
4. 反应、干燥、蒸馏所涉及器皿都应干燥。
5. 磷酸有一定的氧化性，加完磷酸要摇匀后再加热，否则反应物会被氧化。
6. 环己醇的黏度较大，尤其室温低时，量筒内的环己醇若倒不干净会影响产率。
7. 用无水氯化钙干燥时氯化钙用量不能太多，必须使用粒状无水氯化钙。粗产物干燥好后再蒸馏，蒸馏装置要预先干燥，否则前馏分多（环己烯-水共沸物），降低产率。不要忘记加沸石，温度计位置要正确。
8. 加热反应一段时间后再逐渐蒸出产物，调节加热速度，保持反应速度大于蒸出速度才能使分馏连续进行。

七、思考题

为什么蒸馏液用 NaCl 饱和？

实验七　乙酸乙酯的制备

一、实验目的

1. 熟悉酯化反应原理及进行的条件，掌握乙酸乙酯的制备方法。

2. 掌握回流、洗涤、分离和干燥的操作方法。

二、实验原理

有机酸与醇在酸催化下进行酯化反应可生成酯。当没有催化剂存在时，酯化反应很慢；当采用酸做催化剂时，就可以大大地加快酯化反应的速度。酯化反应是一个可逆反应。为使平衡向生成酯的方向移动，常常使反应物之一过量，或将生成物从反应体系中及时除去，或者两者兼用。

主反应：$CH_3COOH + C_2H_5OH \xrightleftharpoons{H_2SO_4} CH_3COOC_2H_5 + H_2O$

副反应：　$2C_2H_5OH \xrightarrow{H_2SO_4} C_2H_5OC_2H_5 + H_2O$

三、仪器与药品

1. 仪器

圆底烧瓶、冷凝管、温度计、蒸馏头、温度计套管、分液漏斗、电热套、接液管。

2. 药品

冰醋酸 12mL（12.6g，0.21mol）、无水乙醇 19mL（15g，0.32mol）、浓硫酸 5mL、饱和碳酸钠溶液、饱和氯化钙溶液、饱和氯化钠溶液、无水硫酸镁。

实验装置如图 4-10 所示。

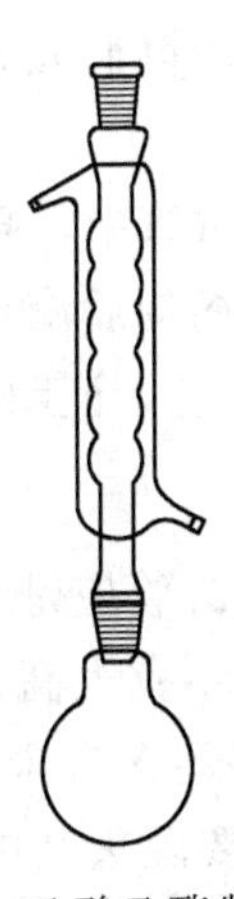

图 4-10　乙酸乙酯制备装置

四、实验步骤

1. 回流

在 100mL 圆底烧瓶中，加入 12mL 冰醋酸和 19mL 无水乙醇，混合均匀后，将烧瓶放置于冰水浴中，分批缓慢地加入 5mL 浓 H_2SO_4，同时振摇烧瓶。混匀后加入 2～3 粒沸石，按图 4-10 安装好反应装置，打开冷凝水，用电热套加热，保持反应液在微沸状态下回流 30～40min。

2. 蒸馏

反应完成后，冷却近室温，将装置改成蒸馏装置，用电热套或水浴加热，直到没有馏出液蒸出为止。

3. 乙酸乙酯的精制

(1) 中和　在粗乙酸乙酯中慢慢地加入约 10mL 饱和 Na_2CO_3 溶液，直到无二氧化碳气体逸出后，再多加 1～3 滴。然后将混合液倒入分液漏斗中，静置分层后，放出下层的水。

(2) 水洗　用约 10mL 饱和食盐水洗涤酯层，充分振摇，静置分层后，分出水层。

(3) 氯化钙饱和溶液洗　用约 20mL 饱和 $CaCl_2$ 溶液分两次洗涤酯层，静置后分去水层。

(4) 干燥　酯层由漏斗上口倒入一个 50mL 干燥的锥形瓶中，并放入 2g 无水 $MgSO_4$ 干燥，配上塞子，然后充分振摇至液体澄清。

(5) 精馏　收集 74～79℃的馏分，产量 10～12g。

五、检验与测试

酯的氧肟酸铁实验：酯与羟胺反应生成一种氧肟酸，氧肟酸与铁离子形成牢固的品红色络合物。

在试管中加入两滴新制备的酯，再加入 5 滴溴水。如果溴水的颜色不变或没有白色沉淀生成就可做下面的实验。

将 5 滴新制备的酯滴入干燥的试管中，再滴加 7 滴 3%的盐酸羟胺的 95%酒精溶液和 3 滴 2%的 NaOH 溶液，摇匀后滴加 7 滴 5%的 HCl 溶液和 1 滴 5%的 $FeCl_3$溶液。试管中液体显示为品红色，证明酯的存在。

六、注意事项

1. 实验进行前，圆底烧瓶、冷凝管应是干燥的。

2. 回流时注意控制温度，温度不宜太高，否则会增加副产物的量。

3. 在馏出液中除了酯和水外，还含有未反应的少量乙醇和乙酸，也还有副产物乙醚，故加饱和碳酸钠溶液主要除去其中的酸。多余的碳酸钠在后续的洗涤过程可被除去，可用石蕊试纸检验产品是否呈碱性。

4. 饱和食盐水主要洗涤粗产品中的少量碳酸钠，还可洗除一部分水。此外，由于饱和食盐水的盐析作用，可大大降低乙酸乙酯在洗涤时的损失。

5. 氯化钙饱和溶液洗涤时，氯化钙与乙醇形成络合物而溶于饱和氯化钙溶液中，由此除去粗产品中所含的乙醇。

6. 乙酸乙酯与水或醇可分别生成共沸混合物，若三者共存则生成三元共沸混合物。因此，酯层中的乙醇不除净或干燥不够时，由于形成低沸点的共沸混合物，从而影响酯的产率。

七、思考题

1. 硫酸在本实验中起什么作用？

2. 能否用浓的氢氧化钠溶液代替饱和碳酸钠溶液来洗涤蒸馏液？

实验八　正丁醚的制备

一、实验目的

1. 掌握醇分子间脱水制备醚的反应原理和实验方法。

2. 学习使用分水器的实验操作。

二、实验原理

醇分子间脱水生成醚是制备简单醚的常用方法。用硫酸作为催化剂，在不同温度下正丁醇和硫酸作用生成的产物会有不同，主要是正丁醚或丁烯，因此反应须严格控制温度。

主反应：

$$2C_4H_9OH \xrightarrow{H_2SO_4} C_4H_9{-}O{-}C_4H_9 + H_2O$$

副反应：

$$C_4H_9OH \xrightarrow{H_2SO_4} C_2H_5CH{=}CH_2 + H_2O$$

三、仪器与药品

1. 仪器

100mL 三口瓶、球形冷凝管、分水器、温度计、电热套、分液漏斗、25mL 蒸馏瓶、锥形瓶。

2. 药品

正丁醇、浓硫酸、无水氯化钙、5%氢氧化钠溶液、饱和氯化钙溶液、沸石。

实验装置如图 4-11 所示。

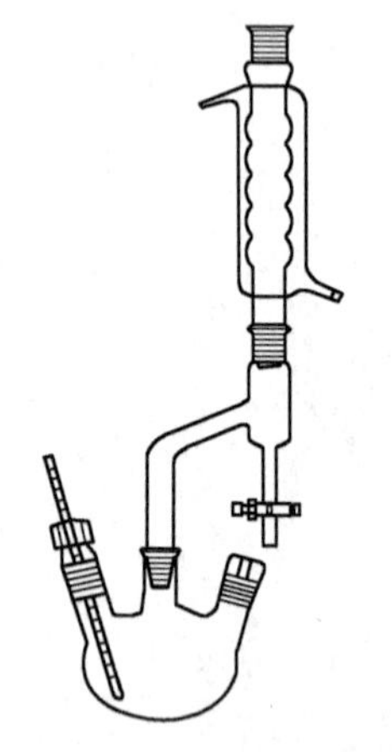

图 4-11　正丁醚制备装置

四、实验步骤

1. 在 100mL 三口烧瓶中，加入 31mL 正丁醇。在冷水浴中分多次加 5mL 浓硫酸和几粒沸石，摇匀后，一口装上温度计，温度计插入液面以下，另一口装上分水器，分水器的上端接一回流冷凝管。先在分水器内放置（$V-3.5$）mL 水（V 为分水器的体积），另一口用塞子塞紧。

2. 然后将三口瓶放在电热套小火加热至微沸，进行分水。反应中产生的水经冷凝后收集在分水器的下层，上层有机相积至分水器支管时，即可返回烧瓶。大约经 1.5h 后，三口瓶中反应液温度达 138～140℃时停止加热。若继续加热，则反应液变黑并有较多副产物烯生成。

3. 将反应液及分水器中的液体冷却到室温后倒入盛有 50mL 水的分液漏斗中，充分振摇，静置后弃去下层液体。上层粗产物依次用 25mL 水、15mL 5% 的氢氧化钠、25mL 水、15mL 饱和氯化钙溶液洗涤。

4. 将粗产物倒入干燥锥形瓶中，用 3g 无水氯化钙干燥 15min。注意旋摇锥形瓶。

5. 将干燥后的产物滤入蒸馏瓶中，搭好蒸馏装置，收集 140～144℃的馏分。

五、实验注意事项

1. 正丁醇与浓硫酸混合时要慢摇均匀，防止局部炭化。

2. V 为分水器的体积，本实验根据理论计算失水体积为 3mL，实际分出水的体积略大于计算量，故分水器放满水后先分掉约 3.5mL 水。回流过程中若分水器中的水层有明显溢出，可从活塞放出一部分水。

3. 温度要控制好，加热不可过速，防止温度过高大量生成丁烯。制备正丁醚的较宜温度是 130～140℃，但这一温度在开始回流时是很难达到的。因为正丁醚可与水形成共沸物（沸点 94.1℃，含水 33.4%），另外，正丁醚与水及正丁醇形成三元共沸物（沸点 90.6℃，含水 29.0%，正丁醇 34.6%），正丁醇与水也可形成共沸物（沸点 93.0℃，含水 44.5%）。故应控制温度在 90～100℃之间较合适，而实际操作是在 100～115℃之间。

4. 在碱洗过程中，不要剧烈地摇动分液漏斗，否则生成的乳浊液很难破坏而影响分离。

5. 当分水器中水层不再变化，瓶中温度达到 150℃，表示反应基本完成。

6. 干燥完后，转移产品时不可将氯化钙带入蒸馏烧瓶中。

六、思考题

1. 正丁醚制备实验中，反应物冷却后为什么要倒入 50mL 水中？各步的洗涤（水洗、碱洗、再水洗、饱和氯化钙洗）目的何在？

2. 正丁醚制备实验中，如何得知反应已经比较完全？

3. 如果反应温度过高，反应时间过长，可导致什么结果？

4. 为什么要先在分水器内放置（$V-V_0$）mL 水？V_0 为反应中生成的水量。

实验九　苯甲酸的制备

一、实验目的

1. 掌握相转移催化氧化制备苯甲酸的方法。

2. 进一步熟练掌握回流反应、减压过滤、重结晶等操作。

二、实验原理

烷基苯在相转移催化剂存在下，在强氧化剂的氧化下，氧化生成苯甲酸。

反应式：

$$C_6H_5CH_3 + 2KMnO_4 \longrightarrow C_6H_5COOK + 2MnO_2 + KOH + H_2O$$

$$C_6H_5COOK + HCl \longrightarrow C_6H_5COOH + KCl$$

三、仪器与药品

1. 仪器

250mL 三口烧瓶、球形冷凝管、布氏漏斗、吸滤瓶、搅拌装置。

2. 药品

甲苯 2.3g（2.7mL，0.0025mol）、高锰酸钾 8.5g、浓盐酸 4～5mL、亚硫酸氢钠 7g、刚果红试纸。

四、实验步骤

在 250mL 三口瓶中加入 2.7mL 甲苯和 100mL 水，瓶口装一冷凝管，加热至沸。从冷凝管上口分批加入 8.5g 高锰酸钾，每次加料不宜多，整个加料过程约需 60min。最后用少量水（约 25mL）将粘在冷凝管内壁的高锰酸钾冲洗入烧瓶内。继续煮沸直到甲苯层消失，回流液不再有明显油珠。

若溶液显较深的紫色，加入少量亚硫酸氢钠，振摇使紫色褪去后趁热将反应混合物减压过滤，用少量热水洗涤残渣。将滤液放在冷水浴中冷却，用浓盐酸酸化至溶液呈强酸性，直到苯甲酸全部沉淀析出为止。

抽滤，用少量冷水洗涤，尽量抽干，把苯甲酸在表面皿上摊开，晾干、称重。粗产品可用热水重结晶。

五、注意事项

1. 高锰酸钾要分批加入，小心操作不能使其粘在管壁上。

2. 控制氧化反应速度，防止发生暴沸冲出现象。

3. 酸化要彻底，使苯甲酸充分结晶析出。

4. $NaHSO_3$ 小心分批加入，温度也不能太高，否则会发生暴沸；若还原不彻底，会影响产品颜色和纯度。

六、思考题

1. 反应结束后，滤液呈紫色时为什么要加入少量亚硫酸氢钠？
2. 如何判断酸化过程已呈强酸性？
3. 精制苯甲酸还有什么方法？

实验十 对甲苯磺酸钠的制备

一、实验目的

掌握芳烃磺化及形成钠盐的方法。

二、实验原理

烷基苯在磺化剂作用下于较高的温度进行磺化反应，主要产生对位化合物。磺化产物与氯化钠形成磺酸钠盐。

主反应：

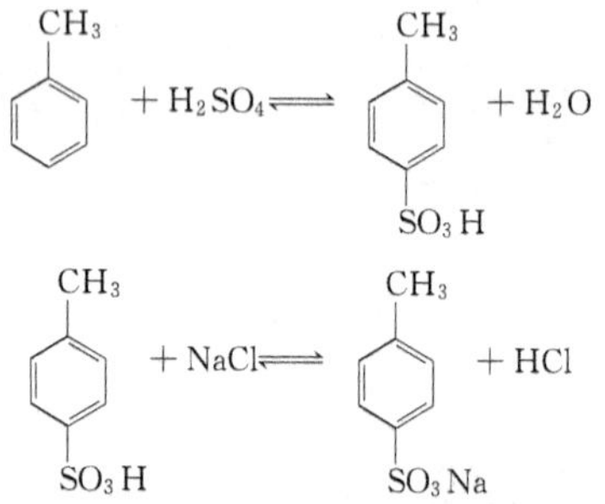

$$C_6H_5CH_3 + H_2SO_4 \rightleftharpoons p\text{-}CH_3C_6H_4SO_3H + H_2O$$

$$p\text{-}CH_3C_6H_4SO_3H + NaCl \rightleftharpoons p\text{-}CH_3C_6H_4SO_3Na + HCl$$

副反应：

$$2\,C_6H_5CH_3 + 2H_2SO_4 \longrightarrow o\text{-}CH_3C_6H_4SO_3H + m\text{-}CH_3C_6H_4SO_3H + 2H_2O$$

$$C_6H_5CH_3 + 2H_2SO_4 \longrightarrow CH_3C_6H_3(SO_3H)_2\ (2,4\text{-}) + 2H_2O$$

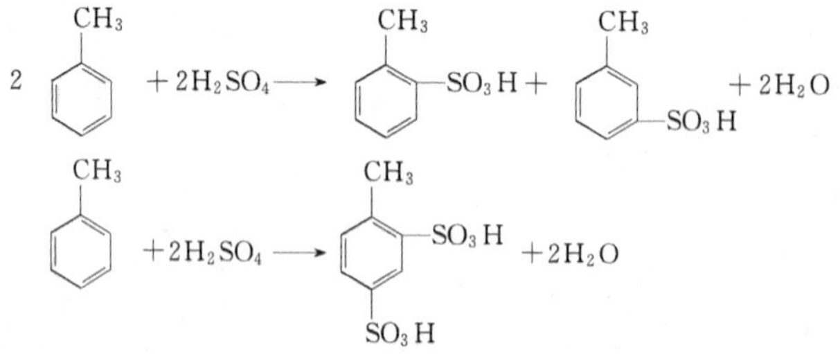

三、仪器与药品

1. 仪器

100mL 圆底烧瓶、球形冷凝器、电磁搅拌装置、抽滤装置。

2. 药品

甲苯 14g（16mL，0.15mol）、浓硫酸 18g（10mL，0.19mol）、碳酸氢钠、氯化钠、活性炭。

四、实验步骤

在装有电磁搅拌的回流装置中，先将搅拌转子放入 100mL 圆底烧瓶，然后加入 16mL 甲苯和 10mL 浓硫酸。搅拌并加热至沸腾，使保持在微沸状态下进行反应。反应约 1h 后，甲苯几乎消失；待冷凝器中的回流滴也很少时，可以停止加热。

将反应物导入盛有 50mL 水的烧杯中，用几毫升热水洗涤烧瓶，洗涤液也倒入烧杯中，取出搅拌转子。

在不断搅拌下分批加入 8g 粉状碳酸氢钠，中和部分酸。然后加入 15g 氯化钠，加热至沸腾，使固体盐完全溶解。如有固体杂质，可趁热过滤。滤液冷至室温，待析出晶体后进行减压过滤，滤去水分。

将粗产品放入 50mL 水中，加热使完全溶解。加入 13g 氯化钠，加热至沸，使盐完全溶解。稍冷，加入约 1g 活性炭脱色。趁热过滤，冷却。对甲苯磺酸钠晶体析出后，减压过滤。得到的产物需进行干燥。

五、注意事项

1. 磺化反应，温度不同，生成的主要产物也不同。低温有利于邻位异构体生成，较高温度有利于对位异构体的生成，更高温度则有利于二磺酸异构体生成。

2. 中和酸时会放出大量的二氧化碳，必须在不断搅拌下分批加入碳酸氢钠。

六、思考题

1. 为什么在反应过程中需要搅拌？

2. 本实验加入氯化钠过多或过少，对实验有什么影响？

实验十一　肉桂酸的制备

一、实验目的

掌握由柏琴（Perkin）反应制备α，β-不饱和酸的原理和方法。

二、实验原理

所谓柏琴反应，是指芳香醛和酸酐在碱性催化剂作用下，发生类似羟醛缩合的缩合作用，生成α，β-不饱和芳香酸。所用的催化剂一般是相应酸酐的羧酸钾或钠盐，也可用碳酸钾或叔胺。本实验采用无水醋酸钾（钠）作催化剂，反应时酸酐受催化剂的作用，生成一个酸酐的负离子，负离子与醛发生亲核加成，生成中间产物β-羧基酸酐，然后发生失水和水解作用而得到不饱和酸。

反应历程：

$$(CH_3CO)_2O \xrightarrow{CH_3COOK} {}^{-}CH_2C(=O)-O-C(=O)-CH_3 \xrightarrow{C_6H_5-CHO}$$

$$C_6H_5-CH(OH)CH_2C(=O)-O-C(=O)-CH_3 \longrightarrow C_6H_5-CH{=}CHCOOH$$

反应式：

$$C_6H_5CHO + (CH_3CO)_2O \xrightarrow{CH_3COOK} C_6H_5CH{=}CHCOOH + CH_3COOH$$

三、仪器与药品

1. 仪器

圆底烧瓶、球形冷凝器、直形冷凝器、水蒸气蒸馏装置。

2. 药品

苯甲醛 3.2g（3mL，0.03mol）、无水醋酸钾 3g（0.03mol）、乙酐 6g（5.5mL，0.06mol）、饱和碳酸钠溶液、浓盐酸、活性炭。

四、实验步骤

在装有球形冷凝器的 250mL 三口瓶中，加入 3g 研细的无水醋酸钾、3mL 苯甲醛和 5.5mL 乙酐，并使三者充分混合。在三口瓶的另一侧口安装一支 300℃温度计，并将温度计水银球部分插入液面下，但不要触及瓶底。三口瓶的正口用玻璃塞封住。将三口瓶置于电热套内加热回流 1h，并保持反应温度在 165～170℃之间。

反应完毕后，趁热取下三口瓶，一边充分摇动，一边缓慢地加入适量的饱和碳酸钠溶液，使反应混合物成为碱性。

将反应装置改装为水蒸气蒸馏装置，进行水蒸气蒸馏，至馏出液无油珠为止。在剩余液中，加入少量活性炭，并加热煮沸数分钟，然后趁热过滤。在不断搅拌下，小心向热滤液中加入 5mL 左右的浓盐酸，至滤液呈酸性为止。冷却滤液，待肉桂酸晶体全部析出后，减压过滤。结晶用少量水洗涤，抽滤挤去水分，干燥。粗产物可用热水或 30％乙醇进行重结晶。

纯肉桂酸为无色晶体，有顺反异构体，通常以反式形式存在，熔点为 135.6℃。

五、注意事项

1. 所用仪器必须是干燥的。

2. 加热回流，控制反应呈微沸状态，如果反应液激烈沸腾易使乙酸酐蒸气冷凝管送出，影响产率。

3. 在反应温度下长时间加热，肉桂酸变成苯乙烯，进而生成苯乙烯低聚物。

4. 中和时必须使溶液呈碱性，控制 pH＝8 较合适。

六、思考题

1. 进行柏琴反应，对醛的要求是什么？

2. 本实验采用水蒸气蒸馏除去什么？是否可以采用其他方法？

实验十二　乙酸正丁酯的制备

一、实验目的

1. 通过乙酸正丁酯的制备学习并掌握羧酸的酯化反应原理和基本操作。

2. 正确使用分水器及时分出反应过程中生成的水使反应向生成产物的方向移动，以提高产率。

3. 进一步掌握加热回流、洗涤、干燥、蒸馏等产品的后处理方法。

二、实验原理

酸与醇反应制备酯，是一类典型的可逆反应：

主反应

$$CH_3COOH + CH_3CH_2CH_2CH_2OH \xrightleftharpoons{H^+} CH_3COOCH_2CH_2CH_2CH_3 + H_2O$$

副反应

$$2CH_3CH_2CH_2CH_2OH \xrightleftharpoons{H^+} CH_3CH_2CH_2CH_2OCH_2CH_2CH_2CH_3 + H_2O$$

$$CH_3CH_2CH_2CH_2OH \xrightleftharpoons{H^+} CH_3CH_2CH{=}CH_2 + H_2O$$

为提高产品收率，一般采用以下措施：

① 使某一反应物过量。

② 在反应中移走某一产物（蒸出产物或水）。

③ 使用特殊催化剂。

用酸与醇直接制备酯，通常有以下三种方法。

第一种是共沸蒸馏分水法，生成的酯和水以沸腾物的形式蒸出来，冷凝后通过分水器分出水，油层回到反应器中。

第二种是提取酯化法，加入溶剂，使反应物、生成的酯溶于溶剂中，和水层分开。

第三种是直接回流法，一种反应物过量，直接回流。

制备乙酸正丁酯用共沸蒸馏分水法较好。为了将反应物中生成的水除去，利用酯、酸和水形成二元或三元恒沸物，采取共沸蒸馏分水法。使生成的酯和水以共沸物形式逸出，冷凝后通过分水器分出水层，油层则回到反应器中。

三、仪器与药品

1. 仪器

50mL 圆底烧瓶、分水器、球形冷凝管、分液漏斗、锥形瓶、直形冷凝管、蒸馏头、接受弯头、电热套。

2. 药品

无水硫酸镁 2～3g、正丁醇 11.5mL（9.3g，0.125mol）、浓硫酸、冰醋酸

7.2mL（7.5g，0.125mol）、10％碳酸钠水溶液10mL。

实验装置如图4-12所示。

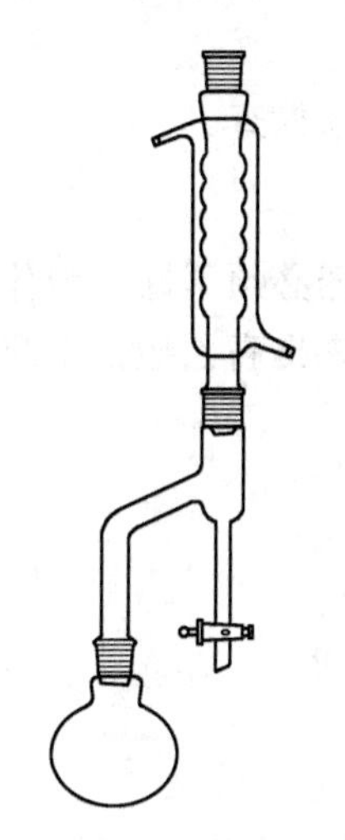

图4-12　反应装置图

四、实验步骤

在干燥的50mL单口烧瓶中加入11.5mL正丁醇，7.2mL冰醋酸和3～4滴浓硫酸，几粒沸石，摇动烧瓶使之混合均匀。装上分水器（分水器中加入水至支管下沿约1cm处）、球形冷凝管，用加热套加热回流40min，注意观察分水器支管液面高度，始终控制在距支管下沿0.5～1.0cm。计量分出水的体积，当分出水的体积接近理论值（此时已无水生成），停止加热回流，撤掉加热套。

将分水器中液体转移到反应用烧瓶中，摇动烧瓶使之混合均匀（此步操作既是将分水器中产品回收，又是用水洗涤反应混合物），然后将烧瓶中液体转移到分液漏斗中，静置分层，自分液漏斗下口放出水。再向分液漏斗中加入10mL 10％碳酸钠水溶液，洗涤有机相，放出水相，有机相再用10mL水洗一次。

将有机相自分液漏斗上口转移至干燥的锥形瓶中，用无水硫酸镁干燥之（可以小心加热加快干燥速度）。

在50mL烧瓶中进行蒸馏，收集124～126℃馏分。

五、注意事项

1. 冰醋酸在低温时凝结成冰状固体（熔点16.6℃）。取用时可温水浴加热使其熔化后量取，注意不要触及皮肤，防止烫伤。

2. 浓硫酸起催化剂作用，只需少量即可，也可用固体超强酸作催化剂。

3. 当酯化反应进行到一定程度时，可连续蒸出乙酸正丁酯、正丁醇和水的三元共沸物（恒沸点90.7℃），其回流液组成为：上层三者分别为86％、11％、3％，下层为19％、2％、79％。故分水时也不要分去太多的水，而以能让上层液溢流回圆底烧瓶继续反应为宜。

4. 本实验中不能用无水氯化钙为干燥剂，因为它与产品能形成络合物而影响产率。

5. 产品的纯度可用气相色谱检查。

六、思考题

1. 在加入反应物之前，仪器必须干燥，为什么？

2. 本实验是根据什么原理来提高乙酸正丁酯的产率的？

实验十三　乙酰水杨酸的制备

一、实验目的

1. 学习乙酰水杨酸的制备原理和方法。

2. 掌握抽滤、重结晶等基本操作。

3. 了解一些药物研制开发的过程，培养科学的思想方法。

二、实验原理

乙酰水杨酸，又称水杨酸乙酸酯，即医药上的“阿司匹林”（aspirin）。这是一种应用最早、最广和最普通的解热镇痛药和抗风湿药。它与“非那西丁”（phenacetin）、“咖啡因”（caffeine）一起组成的“复方阿司匹林”（APC）也是最广泛使用的复方解热止痛药。

在浓酸催化作用下，水杨酸（邻羟基苯甲酸）与乙酸酐反应，水杨酸分子中的羟基被乙酰化，就生成了乙酰水杨酸：

主反应：

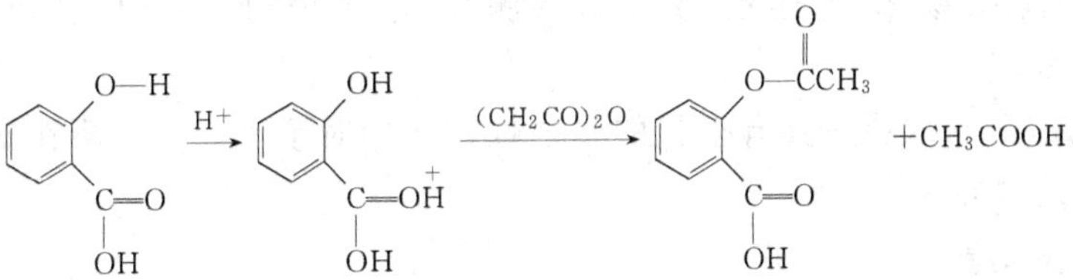

O—H, C=O, OH $\xrightarrow{H^+}$ OH, $\overset{+}{C=OH}$, OH $\xrightarrow{(CH_2CO)_2O}$ O—C(=O)CH_3, C=O, OH $+CH_3COOH$

副反应：

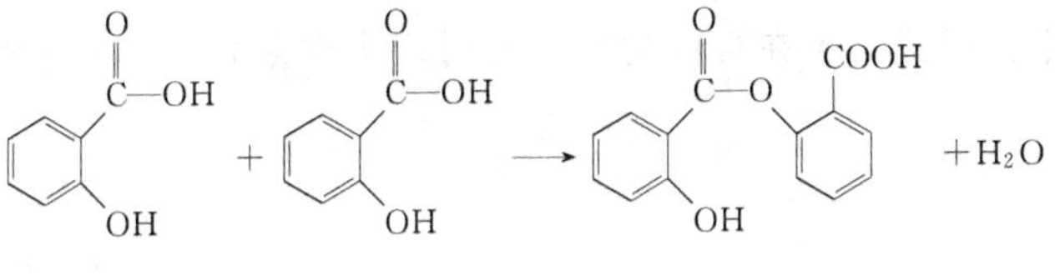

C(=O)—OH, OH + C(=O)—OH, OH $\longrightarrow$ C(=O)—O, OH, COOH $+H_2O$

三、仪器与药品

1. 仪器

50mL 锥形瓶、抽滤装置、烧杯、普通蒸馏装置。

2. 药品

水杨酸、乙酸酐（新蒸）、浓磷酸、饱和碳酸氢钠、三氯化铁（1%）、浓盐酸。

四、实验步骤

在 50mL 干燥的锥形瓶中放置 1.38g 水杨酸；4mL 乙酸酐和 5 滴浓磷酸。振摇使固体溶解，然后用水浴加热，控制浴温在 85～90℃，维持 10min，其间用玻棒不断搅拌，待反应物冷却到室温后，在振摇下慢慢加入 13～14mL 水。在冰浴中冷却后，抽滤收集产物，用 25mL 冰水洗涤晶体，抽干。

将粗产物转移到 100mL 烧杯中，在搅拌下加入 20mL 10%的碳酸氢钠溶液，当不再有二氧化碳放出后，抽滤除去少量高聚物固体。滤液倒至 100mL 烧杯中，在不断搅拌下慢慢加入 10mL 18%盐酸，这时析出大量晶体。

将混合物在冰浴中冷却，使晶体析出完全。抽滤，用少量水洗涤晶体 2～3 次，干燥后称重。

为了得到纯度更高的产品，可用甲苯或乙酸乙酯重结晶提纯。纯粹乙酰水杨酸的熔点为 135℃。

五、检验与测试

在两个试管中分别放置不多于 0.05g 的水杨酸和本实验制得的乙酰水杨酸，再加入 1mL 乙醇使晶体溶解。然后在每个试管中加入几滴 1%三氯化铁溶液，观察其结果并加以对照，以确定产物中是否有水杨酸存在。

六、注意事项

1. 加水分解过量乙酸酐时会产生大量的热量，甚至使反应物沸腾，因此必须小心操作。

2. 乙酰水杨酸受热后易分解，测定熔点较难，也无定值，一般在 132～135℃。

3. 乙酸酐和浓磷酸具有很强的腐蚀性，使用时须小心，如溅在皮肤上，应立即用大量水冲洗。

七、思考题

1. 在水杨酸的乙酰化反应中，加入磷酸的作用是什么？

2. 用化学方程式表示在合成阿司匹林时产生少量高聚物的过程。

附　　录

附录一　化学实验常用仪器图

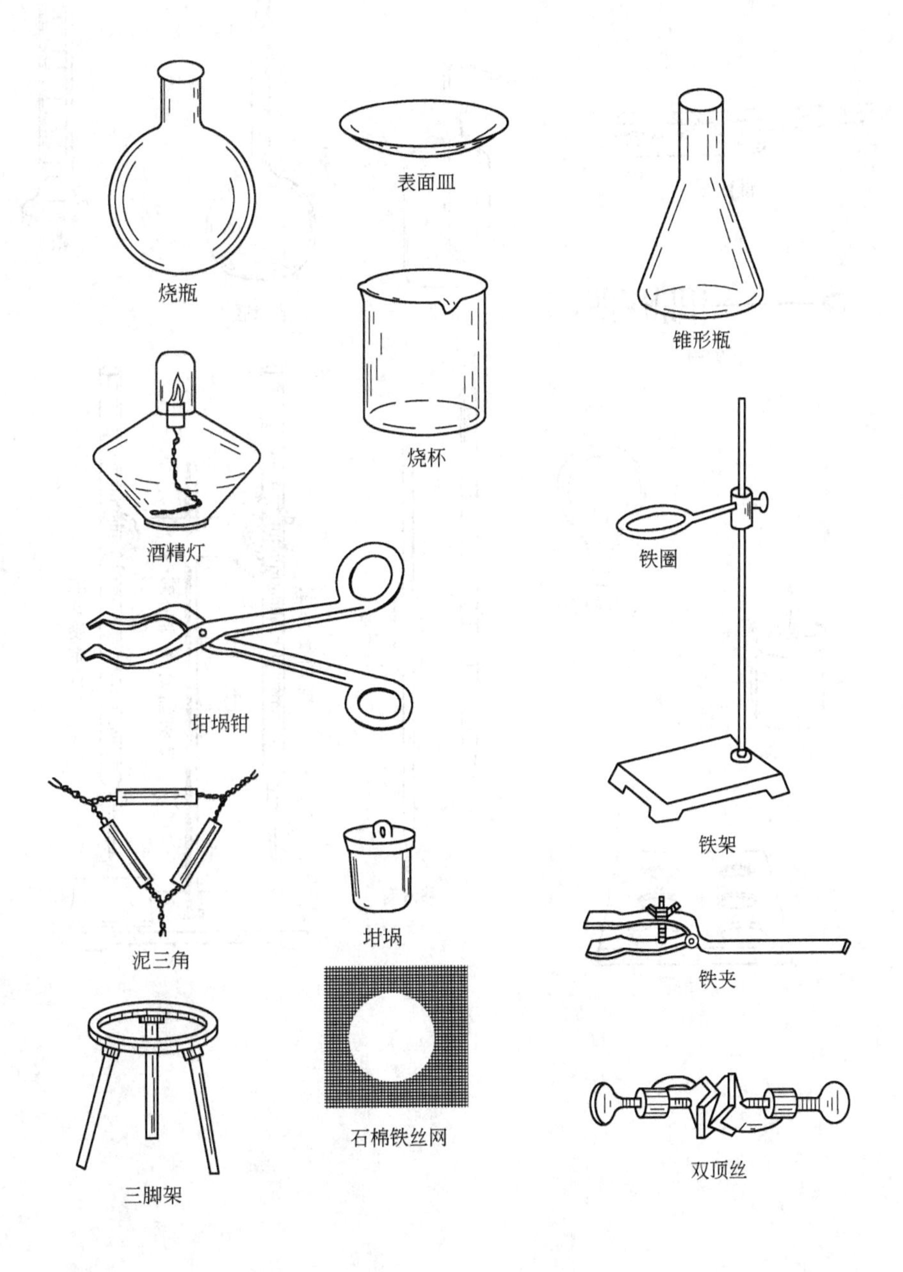

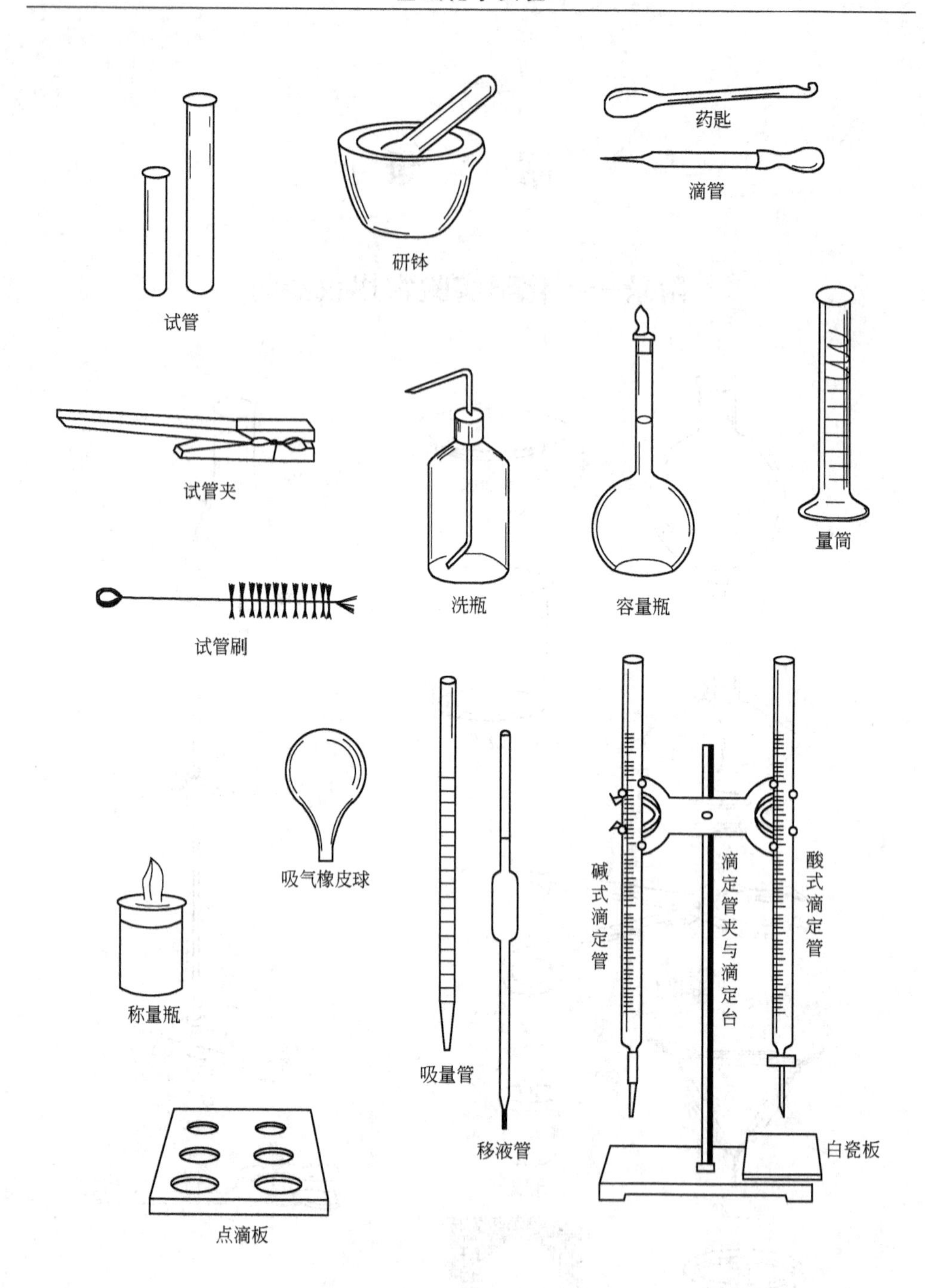
试管
研钵
药匙
滴管
试管夹
洗瓶
容量瓶
量筒
试管刷
吸气橡皮球
称量瓶
吸量管
移液管
碱式滴定管
滴定管夹与滴定台
酸式滴定管
白瓷板
点滴板

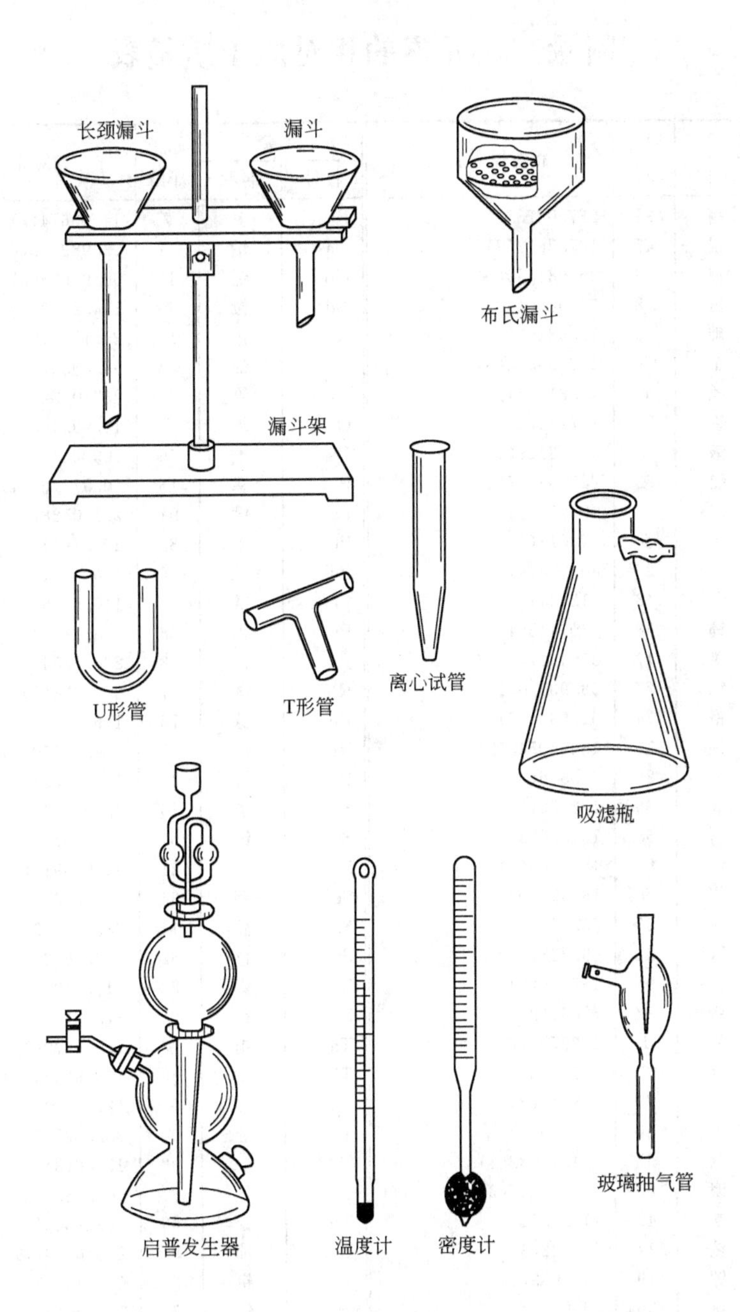
长颈漏斗
漏斗
布氏漏斗
漏斗架
U形管
T形管
离心试管
吸滤瓶
启普发生器
温度计
密度计
玻璃抽气管

附录二　元素的相对原子质量表

元素		原子序数	相对原子质量	元素		原子序数	相对原子质量
符号	名称			符号	名称		
Ac	锕	89	227.0278	N	氮	7	14.00674(7)
Ag	银	47	107.8632(2)	Na	钠	11	22.989768(6)
Al	铝	13	26.981539(5)	Nb	铌	41	92.90638(2)
Ar	氩	18	39.948(1)	Nd	钕	60	144.24(3)
As	砷	33	74.92159(2)	Ne	氖	10	20.1797(6)
Au	金	79	196.96654(3)	Ni	镍	28	58.6934(2)
B	硼	5	10.811(5)	Np	镎	93	237.0482
Ba	钡	56	137.327(7)	O	氧	8	15.9994(3)
Be	铍	4	9.012182(3)	Os	锇	76	190.2(1)
Bi	铋	83	208.98037(3)	P	磷	15	30.973762(4)
Br	溴	35	79.904(1)	Pa	镤	91	231.0588(2)
C	碳	6	12.011(1)	Pb	铅	82	207.2(1)
Ca	钙	20	40.078(4)	Pd	钯	46	106.42(1)
Cd	镉	48	112.411(8)	Pr	镨	59	140.90765(3)
Ce	铈	58	140.115(4)	Pt	铂	78	195.08(3)
Cl	氯	17	35.4527(9)	Ra	镭	88	226.0254
Co	钴	27	58.93320(1)	Rb	铷	37	85.4678(3)
Cr	铬	24	51.9961(6)	Re	铼	75	186.207(1)
Cs	铯	55	132.90543(5)	Rh	铑	45	102.90550(3)
Cu	铜	29	63.546(3)	Ru	钌	44	101.07(2)
Dy	镝	66	162.50(3)	S	硫	16	32.066(6)
Er	铒	68	167.26(3)	Sb	锑	51	121.757(3)
Eu	铕	63	151.965(9)	Sc	钪	21	44.955910(9)
F	氟	9	18.9984032(9)	Se	硒	34	78.96(3)
Fe	铁	26	55.847(3)	Si	硅	14	28.0855(3)
Ga	稼	31	69.723(1)	Sm	钐	62	150.36(3)
Gd	钆	64	157.25(3)	Sn	锡	50	118.710(7)
Ge	锗	32	72.61(2)	Sr	锶	38	87.62(7)
H	氢	1	1.00794(7)	Ta	钽	73	180.9479(1)
He	氦	2	4.002602(2)	Tb	铽	65	158.92534(3)
Hf	铪	72	178.49(2)	Te	碲	52	127.60(3)
Hg	汞	80	200.59(2)	Th	钍	90	232.0381(1)
Ho	钬	67	164.93032(3)	Ti	钛	22	47.88(3)
I	碘	58	126.90447(3)	Tl	铊	81	204.3833(2)
In	铟	49	114.82(1)	Tm	铥	69	168.9342(3)
Ir	铱	77	192.22(3)	U	铀	92	238.0289(1)
K	钾	19	39.0983(1)	V	钒	23	50.9415(1)
Kr	氪	36	83.80(1)	W	钨	74	183.85(3)
La	镧	57	138.9055(2)	Xe	氙	54	131.29(2)
Li	锂	3	6.941(2)	Y	钇	39	88.90585(2)
Lu	镥	71	174.967(1)	Yb	镱	70	173.04(3)
Mg	镁	12	24.3050(6)	Zn	锌	30	65.39(2)
Mn	锰	25	54.93805(1)	Zr	锆	40	91.224(2)
Mo	钼	42	95.94(1)				

附录三　常用酸碱浓度表

试剂名称	相对分子质量	质量分数/%	相对密度	浓度/(mol/L)
冰乙酸	60.05	99.5	1.05(约)	17
乙酸	60.05	36	1.04	6.3
甲酸	46.02	90	1.20	23
盐酸	36.5	36～38	1.18(约)	12
硝酸	63.02	65～68	1.4	16
高氯酸	100.5	70	1.67	12
磷酸	98.0	85	1.70	15
硫酸	98.1	96～98	1.84(约)	18
氨水	17.0	25～28	0.88(约)	15

附录四　常用的各种指示剂

1. 酸碱指示剂

指示剂名称	变色范围(pH 值)	颜色变化	配制方法
甲酚红(第一变色范围)	0.2～1.8	红-黄	0.04g 指示剂溶于 100mL 50%乙醇中
百里酚蓝(麝香草酚蓝)第一变色范围	1.2～2.8	红-黄	0.1g 指示剂溶于 100mL 20%乙醇中
二甲基黄	2.9～4.0	红-黄	0.1g 或 0.01g 指示剂溶于 100mL 90%乙醇中
甲基橙	3.1～4.4	红-橙黄	0.1g 指示剂溶于 100mL 水中
溴酚蓝	3.0～4.6	黄-蓝	0.1g 指示剂溶于 100mL 20%乙醇中
刚果红	3.0～5.2	蓝紫-红	0.1g 指示剂溶于 100mL 水中
溴甲酚绿	3.8～5.4	黄-蓝	0.1g 指示剂溶于 100mL 20%乙醇中
甲基红	4.4～6.2	红-黄	0.1g 或 0.2g 指示剂溶于 100mL 20%乙醇中
溴酚红	5.0～6.8	黄-红	0.1g 或 0.04g 指示剂溶于 100mL 20%乙醇中
溴甲酚紫	5.2～6.8	黄-紫红	0.1g 指示剂溶于 100mL 20%乙醇中
溴百里酚蓝	6.0～7.6	黄-蓝	0.05g 指示剂溶于 100mL 20%乙醇中
中性红	6.8～8.0	红-亮黄	0.1g 指示剂溶于 100mL 20%乙醇中
酚红	6.8～8.0	黄-红	0.1g 指示剂溶于 100mL 20%乙醇中
甲酚红	7.2～8.8	亮黄-紫红	0.1g 指示剂溶于 100mL 50%乙醇中
百里酚蓝(麝香草酚蓝)第一变色范围	8.0～9.0	黄-蓝	0.1g 指示剂溶于 100mL 20%乙醇中
酚酞	8.2～10.0	无-淡粉	0.1g 或 1g 指示剂溶于 90mL 乙醇，加水至 100mL
百里酚酞	9.4～10.6	无-蓝色	0.1 指示剂溶于 90mL 乙醇，加水至 100mL

2. 混合酸碱指示剂

指示剂名称	变色 pH 值	颜色		配制方法
		酸	碱	
甲基橙-靛蓝(二磺酸)	4.1	紫	黄绿	一份 1g/L 甲基橙溶液， 一份 2.5g/L 靛蓝(二磺酸)水溶液
溴百里酚绿-甲基橙	4.3	黄	蓝绿	一份 1g/L 溴百里酚绿钠盐水溶液， 一份 2g/L 甲基橙水溶液
溴甲酚绿-甲基红	5.1	酒红	绿	三份 1g/L 溴甲酚绿乙醇溶液， 两份 2g/L 甲基红乙醇溶液
甲基红-亚甲基蓝	5.4	红紫	绿	一份 2g/L 甲基红乙醇溶液， 一份 1g/L 亚甲基蓝乙醇溶液
溴甲酚紫-溴百里酚蓝	6.7	黄	蓝紫	一份 1g/L 溴百里酚紫钠盐水溶液， 一份 1g/L 溴百里酚蓝钠盐水溶液
中性红-亚甲基蓝	7.0	紫蓝	绿	一份 1g/L 中性红乙醇溶液， 一份 1g/L 亚甲基蓝乙醇溶液
溴百里酚蓝-酚红	7.5	黄	绿	一份 1g/L 溴百里酚蓝钠盐水溶液 一份 1g/L 酚红钠盐水溶液
甲酚红-百里酚蓝	8.3	黄	紫	一份 1g/L 甲酚红钠盐水溶液 三份 1g/L 百里酚蓝钠盐水溶液

3. 氧化还原指示剂

氧化还原指示剂用于氧化还原滴定法。下表列出一些在教学和工作中经常使用的部分氧化还原指示剂。

指示剂名称	变色电位 ϕ/V	颜色		配制方法
		氧化态	还原态	
二苯胺	0.76	紫	无色	将 1g 二苯胺在搅拌下溶于 100mL 浓硫酸和 100mL 浓磷酸，贮于棕色瓶中
二苯胺磺酸钠	0.85	紫	无色	将 0.5g 二苯胺磺酸钠溶于 100mL 水中，必要时过滤
邻菲罗啉-Fe(Ⅱ)	1.06	淡蓝	红	将 0.5g$FeSO_4 \cdot 7H_2O$ 溶于 100mL 水中，加 2 滴硫酸，加 0.5g 邻菲罗啉
邻苯氨基苯甲酸	1.08	紫红	无色	将 0.2g 邻苯氨基苯甲酸加热溶解于 100mL 0.2%的 Na_2CO_3 溶液中，必要时过滤

4. 金属指示剂

在配位滴定中，通常都是利用一种能与金属离子生成有色配合物的显色剂来指示滴定过程中金属离子浓度的变化，此种显色剂称为金属离子指示剂。

指示剂名称	颜色		配制方法
	游离态	化合态	
铬黑 T(EBT)	蓝	红	1. 将0.2g铬黑T溶于15mL三乙醇胺及5mL乙醇中 2. 将1g铬黑T与100gNaCl研细混匀
钙指示剂(N. N)	蓝	酒红	0.5g钙指示剂与100gNaCl研细混匀
二甲酚橙(XO)	黄	红	0.2g二甲酚橙溶于100mL去离子水中
K-B指示剂	蓝	红	0.5g酸性铬蓝K加1.25g萘酚绿B及25g硫酸钾研细混匀
磺酸水杨酸	无	红	10g磺酸水杨酸溶于100mL水中
PAN指示剂	黄	红	0.1g或0.2gPAN溶于100mL乙醇中

附录五　常用化学试剂的配制方法

1. 常用酸溶液

名称	化学式	浓度	配制方法
盐酸	HCl	12mol/L	密度为1.19g/cm^3的浓HCl
		8mol/L	666.7mL 12mol/L的浓HCl,加水稀释至1L
		6mol/L	12mol/L的浓HCl,加等体积水稀释
		2mol/L	167mL 12mol/L的浓HCl,加水稀释至1L
		1mol/L	84mL 12mol/L的浓HCl,加水稀释至1L
硝酸	HNO_3	16mol/L	密度为1.42g/cm^3的浓HNO_3
		6mol/L	380mL 16mol/L的浓HNO_3,加水稀释至1L
		3mol/L	190mL 16mol/L的浓HNO_3,加水稀释至1L
		2mol/L	127mL 16mol/L的浓HNO_3,加水稀释至1L
硫酸	H_2SO_4	18mol/L	密度为1.84g/cm^3的浓H_2SO_4
		6mol/L	332mL18mol/L的浓H_2SO_4,加水稀释至1L
		3mol/L	166mL18mol/L的浓H_2SO_4,加水稀释至1L
		1mol/L	56mL18mol/L的浓H_2SO_4,加水稀释至1L
醋酸	HAc	17mol/L	密度为1.05g/cm^3的HAc
		6mol/L	353mL17mol/L的HAc,加水稀释至1L
		2mol/L	118mL17mol/L的HAc,加水稀释至1L
		1mol/L	57mL17mol/L的HAc,加水稀释至1L
酒石酸	$H_2C_4H_4O_6$	饱和	将酒石酸溶于水中,使其饱和

2. 常用碱溶液

名称	化学式	浓度	配制方法
氢氧化钠	NaOH	6mol/L	240gNaOH 溶于水中,冷却后稀释至 1L
		2mol/L	80gNaOH 溶于水中,冷却后稀释至 1L
氢氧化钾	KOH	1mol/L	56gKOH 溶于水中,冷却后稀释至 1L
氨水	$NH_3 \cdot H_2O$	15mol/L	密度为 0.9g/cm^3 的 $NH_3 \cdot H_2O$
		6mol/L	400mL 15mol/L 的 $NH_3 \cdot H_2O$,加水稀释至 1L
		3mol/L	200mL 15mol/L 的 $NH_3 \cdot H_2O$,加水稀释至 1L
		1mol/L	67mL 15mol/L 的 $NH_3 \cdot H_2O$,加水稀释至 1L

3. 常用铵盐溶液

名称	化学式	浓度	配制方法
氯化铵	NH_4Cl	3mol/L	160gNH_4Cl 溶于适量水中,加水稀释至 1L
硫化铵	$(NH_4)_2S$	3mol/L	通 H_2S 于 200mL 15mol/L 的 $NH_3 \cdot H_2O$ 中达到饱和,再加 200mL 15mol/L 的 $NH_3 \cdot H_2O$,以水稀释至 1L
碳酸铵	$(NH_4)_2CO_3$	2mol/L	192g$(NH_4)_2CO_3$ 溶于 500mL 3mol/L 的 $NH_3 \cdot H_2O$ 中,加水稀释至 1L
		120g/L	120g$(NH_4)_2CO_3$ 溶于适量水中,加水稀释至 1L
乙酸铵	NH_4Ac	3mol/L	231gNH_4Ac 溶于适量水中,加水稀释至 1L
硫氰酸铵	NH_4SCN	饱和	将 NH_4SCN 溶于水中,使其饱和
		0.5mol/L	38gNH_4SCN 溶于适量水中,加水稀释至 1L
磷酸氢二铵	$(NH_4)_2PO_4$	4mol/L	528g$(NH_4)_2PO_4$ 溶于 1L 水中
硫酸铵	$(NH_4)_2SO_4$	饱和	将$(NH_4)_2SO_4$ 溶于水中,使其饱和
碘化铵	$(NH_4)I$	0.5mol/L	73g$(NH_4)I$ 溶于适量水中,加水稀释至 1L
钼酸铵	$(NH_4)_2MoO_4$		100g$(NH_4)_2MoO_4$ 溶于 1L 水,将所得溶液倒入 1L 6mol/LHNO_3 中(切不可将硝酸倒入溶液中)。溶液放置 48h,倾出清液使用

附录六　常用缓冲溶液的配制

1. 乙醇-醋酸铵缓冲液（pH3.7）

取 5mol/L 醋酸溶液 15.0mL，加乙醇 60mL 和水 20mL，用 10mol/L 氢氧化铵溶液调节 pH 值至 3.7，用水稀释至 1000mL，即得。

2. 三羟甲基氨基甲烷缓冲液（pH8.0）

取三羟甲基氨基甲烷 12.14g，加水 800mL，搅拌溶解，并稀释至 1000mL，用 6mol/L 盐酸溶液调节 pH 值至 8.0，即得。

3. 巴比妥缓冲液（pH7.4）

取巴比妥钠 4.42g，加水使溶解并稀释至 400mL，用 2mol/L 盐酸溶液调节 pH 值至 7.4，过滤，即得。

4. 巴比妥-氯化钠缓冲液（pH7.8）

取巴比妥钠 5.05g，加氯化钠 3.7g 及水适量使溶解，另取明胶 0.5g 加水适量，加热溶解后并入上述溶液中。然后用 0.2mol/L 盐酸溶液调节 pH 值至 7.8，再用水稀释至 500mL，即得。

5. 甲酸钠缓冲液（pH3.3）

取 2mol/L 甲酸溶液 25mL，加酚酞指示液 1 滴，用 2mol/L 氢氧化钠溶液中和，再加入 2mol/L 甲酸溶液 75mL，用水稀释至 200mL，调节 pH 值至 3.25～3.30，即得。

6. 邻苯二甲酸盐缓冲液（pH5.6）

取邻苯二甲酸氢钾 10g，加水 900mL，搅拌使溶解，用氢氧化钠试液（必要时用稀盐酸）调节 pH 值至 5.6，加水稀释至 1000mL，混匀，即得。

7. 硼砂-氯化钙缓冲液（pH8.0）

取硼砂 0.572g 与氯化钙 2.94g，加水约 800mL 溶解后，用 1mol/L 盐酸溶液约 2.5mL 调节 pH 值至 8.0，加水稀释至 1000mL，即得。

8. 硼砂-碳酸钠缓冲液（pH10.8～11.2）

取无水碳酸钠 5.30g，加水使溶解成 1000mL；另取硼砂 1.91g，加水使溶解成 100mL。临用前取碳酸钠溶液 973mL 与硼砂溶液 27mL，混匀，即得。

9. 硼酸-氯化钾缓冲液（pH9.0）

取硼酸 3.09g，加 0.1mol/L 氯化钾溶液 500mL 使溶解，再加 0.1mol/L 氢氧化钠溶液 210mL，即得。

10. 磷酸盐缓冲液（pH2.0）

甲液：取磷酸 16.6mL，加水至 1000mL，摇匀。乙液：取磷酸氢二钠 71.63g，加水使溶解成 1000mL。取上述甲液 72.5mL 与乙液 27.5mL 混合，摇匀，即得。

11. 磷酸盐缓冲液（pH5.0）

取 0.2mol/L 磷酸二氢钠溶液一定量，用氢氧化钠试液调节 pH 值至 5.0，即得。

12. 磷酸盐缓冲液（pH5.8）

取磷酸二氢钾 8.34g 与磷酸氢二钾 0.87g，加水使溶解成 1000mL，即得。

13. 磷酸盐缓冲液（pH7.0）

取磷酸二氢钾 0.68g，加 0.1mol/L 氢氧化钠溶液 29.1mL，用水稀释至 100mL，即得。

附录七 不同温度下水的饱和蒸气压

t/℃	0.0		0.2		0.4		0.6		0.8	
	mmHg	kPa	mmHg	kPa	mmHg	kPa	mmHg	kPa	mmHg	kPa
0	4.579	0.6105	4.647	0.6195	4.715	0.6286	4.785	0.6379	4.855	0.6473
1	4.926	0.6567	4.998	0.6663	5.070	0.6759	5.144	0.6858	5.219	0.6958
2	5.294	0.7058	5.370	0.7159	5.447	0.7262	5.525	0.7366	5.605	0.7473
3	5.685	0.7579	5.766	0.7687	5.848	0.7797	5.931	0.7907	6.015	0.8019
4	6.101	0.8134	6.187	0.8249	6.274	0.8365	6.363	0.8483	6.453	0.8603
5	6.543	0.8723	6.635	0.8846	6.728	0.8970	6.822	0.9095	6.917	0.9222
6	7.013	0.9350	7.111	0.9481	7.209	0.9611	7.309	0.9745	7.411	0.9880
7	7.513	1.0017	7.617	1.0155	7.722	1.0295	7.828	1.0436	7.936	1.0580
8	8.045	1.0726	8.155	1.0872	8.267	1.1022	8.380	1.1172	8.494	1.1324
9	8.609	1.1478	8.727	1.1635	8.845	1.1792	8.965	1.1952	9.086	1.2114
10	9.209	1.2278	9.333	1.2443	9.458	1.2610	9.585	1.2779	9.714	1.2951
11	9.844	1.3124	9.976	1.3300	10.109	1.3478	10.244	1.3658	10.380	1.3839
12	10.518	1.4023	10.658	1.4210	10.799	1.4397	10.941	1.4527	11.085	1.4779
13	11.231	1.4973	11.379	1.5171	11.528	1.5370	11.680	1.5572	11.833	1.5776
14	11.987	1.5981	12.144	1.6191	12.302	1.6401	12.462	1.6615	12.624	1.6831
15	12.788	1.7049	12.953	1.7269	13.121	1.7493	13.290	1.7718	13.461	1.7946
16	13.634	1.8177	13.809	1.8410	13.987	1.8648	14.166	1.8886	14.347	1.9128
17	14.530	1.9372	14.715	1.9618	14.903	1.9869	15.092	2.0121	15.284	2.0377
18	15.477	2.0634	15.673	2.0896	15.871	2.1160	16.071	2.1426	16.272	2.1694
19	16.477	2.1967	16.685	2.2245	16.894	2.2523	17.105	2.2805	17.319	2.3090
20	17.535	2.3378	17.753	2.3669	17.974	2.3963	18.197	2.4261	18.422	2.4561
21	18.650	2.4865	18.880	2.5171	19.113	2.5482	19.349	2.5796	19.587	2.6114
22	19.827	2.6434	20.070	2.6758	20.316	2.7068	20.565	2.7418	20.815	2.7751
23	21.068	2.8088	21.342	2.8430	21.583	2.8775	21.845	2.9124	22.110	2.9478
24	22.377	2.9833	22.648	3.0195	22.922	3.0560	23.198	3.0928	23.476	3.1299
25	23.756	3.1672	24.039	3.2049	24.326	3.2432	24.617	3.2820	24.912	3.3213
26	25.209	3.3609	25.509	3.4009	25.812	3.4413	26.117	3.4820	26.426	3.5232
27	26.739	3.5649	27.055	3.6070	27.374	3.6496	27.696	3.6925	28.021	3.7358
28	28.349	3.7795	28.680	3.8237	29.015	3.8683	29.354	3.9135	29.697	3.9593
29	30.043	4.0054	30.392	4.0519	30.745	4.0990	31.102	4.1466	31.461	4.1944
30	31.824	4.2428	32.191	4.2918	32.561	4.3411	32.934	4.3908	33.312	4.4412
31	33.695	4.4923	34.082	4.5439	34.471	4.5957	34.864	4.6481	35.261	4.7011
32	35.663	4.7547	36.068	4.8087	36.477	4.8632	36.891	4.9184	37.308	4.9740
33	37.729	5.0301	38.155	5.0869	38.584	5.1441	39.018	5.2020	39.457	5.2605
34	39.898	5.3193	40.344	5.3787	40.796	5.4390	41.251	5.4997	41.710	5.5609
35	42.175	5.6229	42.644	5.6854	43.117	5.7484	43.595	5.8122	44.078	5.8766
36	44.563	5.9412	45.054	6.0087	45.549	6.0727	46.050	6.1395	46.556	6.2069
37	47.067	6.2751	47.582	6.3437	48.102	6.4130	48.627	6.4830	49.157	6.5537
38	49.692	6.6250	50.231	6.6969	50.774	6.7693	51.323	6.8425	51.879	6.9166
39	52.442	6.9917	53.009	7.0673	53.580	7.1434	54.156	7.2202	54.737	7.2976
40	55.324	7.3759	55.91	7.451	56.51	7.534	57.11	7.614	57.72	7.695

附录八　不同温度下水的表面张力σ

t/℃	σ/(10^{-3}N/m)	t/℃	σ/(10^{-3}N/m)
0	75.64	21	72.59
5	74.92	22	72.44
10	74.22	23	72.28
11	74.07	24	72.13
12	73.93	25	71.97
13	73.78	26	71.82
14	73.64	27	71.66
15	73.49	28	71.50
16	73.34	29	71.35
17	73.19	30	71.18
18	73.05	35	70.38
19	72.90	40	69.56
20	72.75	45	68.74

附录九　一些液体的蒸气压

表中所列各化合物的蒸气压可用下列方程式计算

$$\lg p = A - B/(C+t)$$

式中，A、B、C为三常数；p为化合物的蒸气压，mmHg柱 1.013×10^5Pa约为760mmHg柱；t为摄氏温度。

化合物	25℃时蒸气压	温度范围/℃	A	B	C
丙酮(C_3H_6O)	230.05		7.02447	1161.0	224
苯(C_6H_6)	95.18		6.90565	1211.033	220.790
溴(Br_2)	226.32		6.83298	1133.0	228.0
甲醇(CH_4O)	126.40	−20～140	7.87863	1473.11	230.0
甲苯(C_7H_8)	28.45		6.95464	1344.80	219.482
醋酸($C_2H_4O_2$)	15.59	0～36	7.80307	1651.2	225
		36～170	7.18807	1416.7	211
氯仿($CHCl_3$)	227.72	−30～150	6.90328	1163.03	227.4
四氯化碳(CCl_4)	115.25		6.93390	1242.43	230.0
乙酸乙酯($C_4H_8O_2$)	94.29	−20～150	7.09808	1238.71	217.0
乙醇(C_2H_6O)	56.31		8.04494	1554.3	222.65
乙醚($C_4H_{10}O$)	534.31		6.78574	994.195	220.0
乙酸甲酯($C_3H_6O_2$)	213.43		7.20211	1232.83	228.0
环己烷(C_6H_{12})		−20～142	6.84498	1203.526	222.86

参 考 文 献

[1] 宋天佑．简明无机化学．北京：高等教育出版社，2007.
[2] 武汉大学．分析化学．第5版．北京：高等教育出版社，2006.
[3] 天津大学．分析化学实验．天津：天津大学出版社，1995.
[4] 华东理工大学．无机化学实验．第4版．北京：高等教育出版社，2007.
[5] 古风才，肖衍繁，张明杰，刘炳泗．基础化学实验教程．北京：科学出版社，2004.
[6] 许遵乐，刘汉标．有机化学实验．广州：中山大学出版社．1988.